北京都市现代农业植保需求研究

董　杰　王品舒　杨建国　主编

中国农业大学出版社
·北京·

内 容 简 介

本书力求通过对北京市农民用药现状与需求的研究,厘清农药使用的风险点,开展有针对性的防治技术研究与推广,制定出科学、有效的农药补贴机制与政策,实现对北京农产品质量安全及农业面源污染的可持续控制。

图书在版编目(CIP)数据

北京都市现代农业植保需求研究 / 董杰,王品舒,杨建国主编. —北京:中国农业大学出版社,2017.11

ISBN 978-7-5655-1919-2

Ⅰ.①北… Ⅱ.①董…②王…③杨… Ⅲ.①植物保护-研究 Ⅳ.①S4

中国版本图书馆 CIP 数据核字(2017)第 250544 号

书　名	北京都市现代农业植保需求研究
作　者	董　杰　王品舒　杨建国　主编

策划编辑	孙　勇	责任编辑	冯雪梅
封面设计	郑　川		
出版发行	中国农业大学出版社		
社　址	北京市海淀区圆明园西路 2 号	邮政编码	100193
电　话	发行部 010-62818525,8625	读者服务部	010-62732336
	编辑部 010-62732617,2618	出　版　部	010-62733440
网　址	http://www.caupress.cn	E-mail	cbsszs@cau.edu.cn
经　销	新华书店		
印　刷	涿州市星河印刷有限公司		
版　次	2017 年 11 月第 1 版　2017 年 11 月第 1 次印刷		
规　格	787×1 092　16 开本　14.25 印张　190 千字　插页 2		
定　价	48.00 元		

图书如有质量问题本社发行部负责调换

编写单位

北京市植物保护站
北京市海淀区植物保护站
北京市通州区植物保护站
北京市怀柔区植物保护站
北京市延庆区植物保护站
北京市平谷区植物保护站
北京市大兴区植保植检站
北京市房山区植物保护站
北京市密云区植保植检站
北京市顺义区植保植检站
北京市昌平区植保植检站
门头沟区植保站

前　言

　　都市现代农业是北京农业的发展目标,根据《北京市"十三五"时期都市现代农业规划》,北京农业产业将重点强化生态、生活、生产、示范四大功能,虽然生产功能已不是北京农业发展的首要目的,但是,农业的功能定位进一步扩大,北京农业将不仅承担鲜活、安全农产品的基础保障功能,还将兼顾绿色发展和生态文明建设,起到涵养京郊生态环境、丰富市民休闲生活的重要作用。通过发展都市现代农业,近几年,北京形成了一批具有地方特色的农业产业,例如,"昌平草莓"、"平谷大桃"、"延庆花海"、"大兴西瓜"、"怀柔板栗"、海淀"京西稻"、门头沟"黄芩茶"等,这些产业不仅增加了当地农民收入,同时还传承发扬了北京的农耕文化,将传统上只具有生产功能的农田打造成了首都的绿水青山。

　　植物保护工作是保障农作物免受病、虫、草、鼠侵害的重要手段,是整个农业种植过程中最基本的农事活动,几乎贯穿于所有农作物的田间管理过程中。以往,我国农业生产较为粗放、相关管理制度不够健全,个别地区出现了一些由于滥用农药所导致的农产品质量安全问题,导致公众一度把农药当成"洪水猛兽"。近几年,随着社会各界对农业生产安全、农产品质量安全、农业生态环境安全重视程度越来越高,农药使用减量工作受到各级政府的高度重视,国家和北京市出台了一系列法律法规和政策措施推动农药使用减量工作,各级植保机构也开展了大量研究和技术推广工作,可以预见,通过法律约束、政策推动、技术支持等措施,北京农田化学农药用量将会进一步降低,农产品质量安全和生态环境安全将得到明显提高。

2012—2017 年，为掌握都市现代农业发展过程中的植物保护技术和政策需求，北京市植物保护站组织各区植物保护机构开展了一系列调研和研究工作，并在蔬菜、玉米、小麦、果树等作物上进行了绿色防控技术集成和推广，取得了一些成效，本书由于内容所限，仅收录了其中部分内容。另外，本书还对国家和北京市涉及植物保护工作的法律法规和政策文件进行了整理，希望能够为农业主管部门、植物保护机构制定有关政策，推进植物保护工作提供参考依据。

本书涉及的研究工作，在具体实施过程中得到了市农业局、各区种植业主管部门、各区植物保护机构、有关乡镇人民政府和科研院所的大力支持，在此一并感谢。

本书涉及的农民基本情况、农药使用、种植面积等情况，主要来源于受访农民、合作社、相关部门填写的调研问卷，在调研过程中可能会由于问题设置不合理或者受访者对调研问题理解有误，导致一些研究结果与我市实际情况有明显出入，因此，相关情况应以有关行业主管部门和统计部门发布为准。另外，由于参编人员能力有限，可能会对部分问题分析不准确，对研究内容总结不到位，对法律和政策整理不完善，敬请读者谅解。

编　者

2017 年 7 月 2 日

目　　录

第一章 北京市低毒、低残留农药使用现状及农民需求

第一节 研究背景与方法

一、研究背景

农药是确保农业稳定生产,实现农民增收致富的重要生产资料,在防治农业病虫草害过程中具有不可替代的作用,但是,不当使用和滥用农药,也可能成为危害农产品质量安全和农业生态环境安全的风险点,导致一些农业面源污染和农残超标等问题。为掌握我市农民购买和使用低毒、低残留农药的基本情况,发现其中存在的问题,提出有针对性的解决措施和发展建议,2014 年,北京市植物保护站联合相关区级植保站,开展了北京市低毒低残留农药使用现状及农民需求研究,以期为北京市农药监管、有害生物防治技术的研究与推广、长效补贴机制的建立提供参考依据。

二、研究方法

研究采用问卷调查与现场座谈相结合的方式,针对顺义、密云、昌平、延庆、平谷、怀柔、大兴、通州、房山等 9 个主要农业区的农民、种植

大户、合作社、京外租种人员等 4 类群体，围绕农业基本情况、农药购买情况、农药使用情况、农药安全性了解情况开展了研究工作，分析了北京市低毒低残留农药使用现状、农民需求及存在的问题，并针对相关问题提出了解决措施和建议。

本研究相关数据主要来源于市、区植保机构的调查统计，可用于研究讨论，但不能作为官方发布的正式材料来使用。

（一）研究对象

农民、种植大户、合作社、京外租种人员。

（二）研究方法

采取问卷调查、现场座谈的方法。数据采用 Excel 软件分析处理，统计结果以柱状图、饼形图等方式呈现。

（三）问卷调查样本

研究针对顺义、密云、昌平、延庆、平谷、怀柔、大兴、通州、房山等 9 个区的受访对象进行了抽样调查，共发放调查问卷 507 份，收回问卷 507 份，开展现场座谈 9 场。

第二节　北京市低毒低残留农药使用现状及农民需求的基本情况

一、基本情况

（一）从业人员的年龄和教育背景

农业从业人员的年龄主要集中在 40～59 岁，其中，50～59 岁年龄段的人数最多,占总受访者人数的 39.92％,其次,40～49 岁年龄段的人数占总受访者人数的 38.74％,说明北京的农业从业人员年龄普遍偏大(图 1-1)。

在受访者中,50.10％的受访者具有初中文化,30.18％具有小学及以下文化,仅有 19.72％的受访者具有高中及以上文化(图 1-2)。

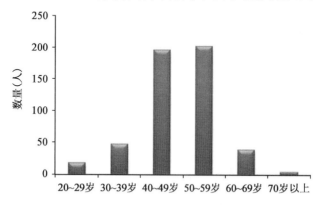

图 1-1　受访者年龄构成

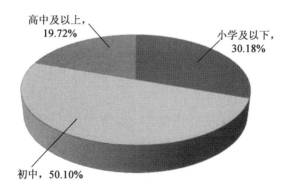

图 1-2　受访者教育背景

(二)农民收入情况

在研究对象中,以农业种植为主要收入来源的人数最多,占总受访人数的 77.75％,只有 22.25％的受访者收入主要来源于其他劳动所得

（图 1-3）。

通过农业种植，39.70％的受访者每年可获得 5 千至 2 万元收入，26.82％的受访者每年可获得 2 万～5 万元收入，19.10％的受访者每年仅可获得 5 千元以下收入，还有 14.38％的受访者能够获得 5 万元以上收入（图 1-4）。结果表明，农业种植从业者的收入普遍偏低，明显低于北京市职工的平均工资水平（根据北京市统计局统计结果，2013 年全市职工平均工资为 69 521 元）。

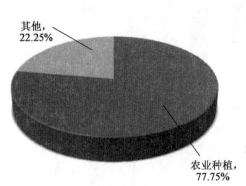

图 1-3　受访者的主要收入来源　　图 1-4　受访者从事农业收入情况（元）

（三）主栽作物的农药投入成本

在果树、粮食、蔬菜、经济作物中，草莓的生产成本最高，平均每亩（注：1 亩＝666.67 平方米）生产成本为 14 973.68 元，其次依次为大棚蔬菜（5 229.51 元）、苹果（2 997.81 元）、桃（1 927.30 元）、西甜瓜（1 898.43 元）、露地蔬菜（1 795.18 元）、甘薯（694.17 元）、小麦（538.96 元）、玉米（410.82 元）（表 1-1、图 1-5）。

在生产成本构成要素中，草莓田购买农药的成本要高于其他作物，平均每亩地为 731.30 元，其次依次为苹果（419.57 元）、大棚蔬菜（416.74 元）、桃（375.97 元）、露地蔬菜（235.24 元）、西甜瓜（150.40元）、小麦（34.05 元）、玉米（33.38 元）、甘薯（20.00 元）（表 1-1、图 1-6）。

在各类作物中,桃树的用药成本在总生产成本中占比最高,达到19.51%,其次依次为苹果(14.00%)、露地蔬菜(13.10%)、玉米(8.13%)、大棚蔬菜(7.97%)、西甜瓜(7.92%)、小麦(6.32%)、草莓(4.88%)、甘薯(2.88%)(表1-1、图1-7)。

表 1-1　北京市主栽作物生产成本

作物名称	亩用药成本（元）	总生产成本（元）	用药成本在总生产成本中的比例
小麦	34.05	538.96	6.32%
玉米	33.38	410.82	8.13%
甘薯	20.00	694.17	2.88%
大棚蔬菜	416.74	5 229.51	7.97%
露地蔬菜	235.24	1 795.18	13.10%
苹果	419.57	2 997.81	14.00%
桃	375.97	1 927.30	19.51%
西甜瓜	150.40	1 898.43	7.92%
草莓	731.30	14 973.68	4.88%
小麦	34.05	538.96	6.32%

注:总生产成本中不包括土地租金。

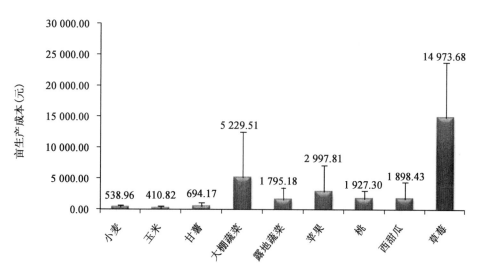

图 1-5　北京市主栽作物每亩生产成本

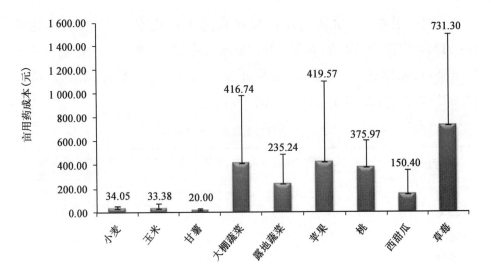

图 1-6　北京市主栽作物每亩用药成本

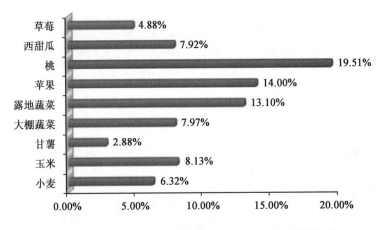

图 1-7　北京市主栽作物用药成本在总生产成本中的比例

二、农药的购买情况

(一)农药信息来源和购买渠道

"农业技术人员推荐"和"农药销售人员推荐"是北京大部分农民获

得农药信息的主要渠道,分别占到总受访者人数的 73.77% 和 66.91%,另外,"全科农技员推荐"、"别人介绍和电视、广告宣传"也是农民获取信息的重要渠道(图 1-8)。

农民主要在依法开设、具有固定场所的农药连锁店和农资店购买农药,在调查中,在农药连锁店和农资店购买农药的受访者分别占总受访者人数的 68.45% 和 59.72%,但是,也有 1.79% 和 1.39% 的受访者曾经从流动商贩和京外购买过农药(图 1-9)。

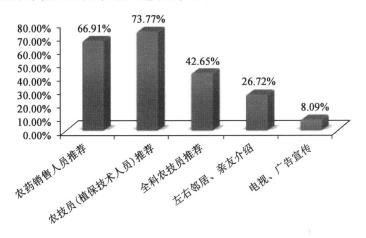

图 1-8　农药信息来源

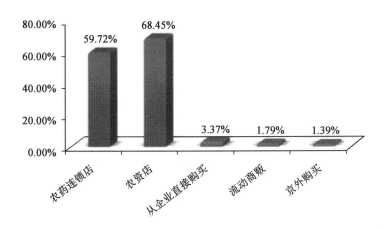

图 1-9　农药的购买渠道

(二)低毒、低残留农药的购买情况

大部分受访者曾经购买使用过低毒、低残留农药,有 11.47％的受访者不确定自己是否使用过,还有 8.05％的受访者没有用过低毒、低残留农药。调查发现,大部分受访者愿意使用低毒低残留农药,不愿意使用或不确定是否愿意使用低毒、低残留农药的分别占总受访者人数的 6.16％和 5.57％(图 1-10)。

影响农民选购农药的最主要因素是防治效果是否理想,认同这一观点的受访者占到总受访者人数的 82.84％。考虑对人是否安全、价格、是否有农药残留、品牌、使用时是否方便等因素的受访者,依次占总受访者人数的 39.25％、34.32％、32.25％、24.65％、19.13％(图 1-11)。

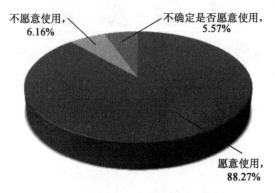

图 1-10 低毒、低残留农药的使用意愿

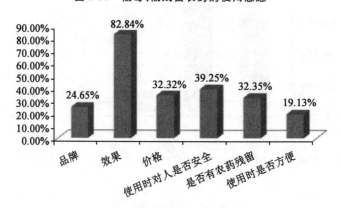

图 1-11 影响农药选购的主要因素

（三）生物农药和天敌的使用情况

通过连续几年实施"北京都市型现代农业基础建设及综合开发——控制农药面源污染"项目，生物农药和天敌产品得到广泛的应用，据调查，有76.60%的受访者曾经使用过补贴发放的生物农药或天敌产品（图1-12）。通过使用这些产品，61.47%的受访者认为这些产品的作用很大，仅有4.21%的受访者认为没有作用（图1-13）。

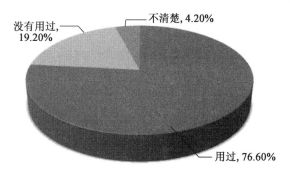

图1-12　补贴农药和天敌的使用情况

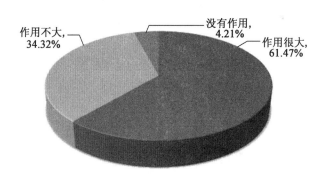

图1-13　补贴农药和天敌的作用效果

调查还发现，在生物农药或天敌产品没有补贴的情况下，仅有55.62%的受访者会自己出钱购买，其他44.38%的受访者选择不购买。研究表明，在导致受访者放弃购买生物农药的主要因素中，38.06%的受访者认为生物农药价格高，36.19%的受访者认为生物农药防治效果不好,还有 17.35％的受访者不知道去哪儿买、8.40％的受访者觉得使用起来比较麻烦(图 1-14)。

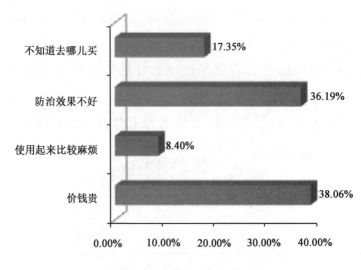

图 1-14　放弃购买生物农药的主要原因

三、农药使用情况

(一)推进低毒、低残留农药使用的工作措施

从 2009 年开始,北京市植物保护站针对农药面源污染、农产品质量安全面临的风险与挑战,依靠"北京都市型现代农业基础建设及综合开发——控制农药面源污染"项目资金,在顺义、通州、房山、延庆、平谷、大兴、昌平等 7 个区开展了四项工程,分别是生物防治补贴、农药包装废弃物回收、植保专业化防治队建设、天敌扩繁基地建设。通过四项工程的实施,项目区农业有害生物得到了有效控制,农民节本增收效果显著,化学农药使用量逐年减少。

北京植保部门通过积极探索,形成了"补贴销售"(昌平)、"农药连锁配送"(平谷、通州)、"村集体配送"(房山、顺义)、"专防服务组织配送"(大兴、延庆)等 4 种农药补贴模式,以及"以物换物"(通州、房山)、"现金回收"(顺义)、"平原承包回收"(大兴)、"山区承包回收"(延庆)等农药包装废弃物回收模式。

另外,北京还根据植保专业化统防统治服务发展要求,探索出了五种切实可行的典型模式,即"耕种管防销一体化"园区菜果联合统防统治服务模式、"耕种收防一体化"集体型统防统治服务模式、农机全程一体化统防统治服务模式、综合性业务统防统治服务模式、生物防控玉米螟统防统治服务模式。

(二)防治现状

北京市在农药使用、监管方面一直处于国内前列,但是,北京农业种植面临着复杂的有害生物防治问题,化学农药依然是农业生产过程中的主要防治手段。以 2013 年为例,北京共播种粮食、果树、蔬菜、经济作物 325.99 万亩,当年病虫草鼠害发生面积达 1 758.83 万亩次,为了确保农业正常生产,共开展防治 2 145.52 万亩次。

(三)主要防治对象

通过研究农民的主要防治对象,可以为开展相关植保药剂、器械及植保技术的研究和推广工作提供数据支撑。

1.粮食作物(小麦、玉米)

北京粮食作物田的防治对象主要是杂草和害虫。在种植小麦的受访者中,以蚜虫、杂草和吸浆虫为主要防治对象的受访者分别占受访人数的 61.43%、50.71%和 41.43%,而以病害为主要防治对象的受访者相对较少;在种植玉米的受访者中,60.44%的受访者将杂草作为主要防治对象,其次依次为黏虫、玉米螟、蚜虫等害虫(图 1-15)。

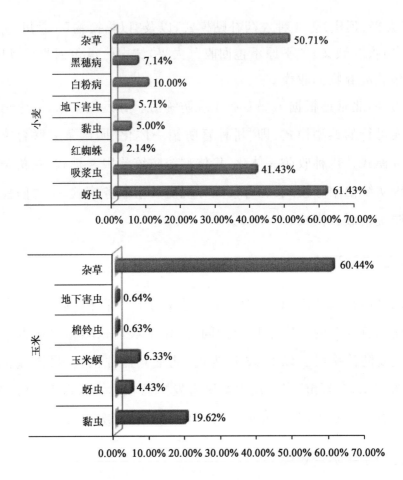

图 1-15　粮食作物种植者主要防治对象

2.蔬菜作物（露地、设施）

蔬菜病虫害种类多,防治难度大,种植露地蔬菜的受访者主要防治对象是菜青虫(占受访人数的 65.12%)、小菜蛾(占受访人数的18.60%)等鳞翅目害虫和蚜虫(占受访人数的 51.16%)、红蜘蛛(占受访人数的13.95%)等小型害虫,而以病害作为主要防治对象的受访者相对较少;种植设施蔬菜的受访者中,43.48%的受访者以蚜虫为主要防治对象,26.09%的受访者以菜青虫为主要防治对象,19.57%的受访者以灰霉病为主要防治对象,另外,以粉虱、疫病、霜霉病、白粉病为主要防治对象的受访者占受访人数的比例均在 10％以上(图 1-16)。

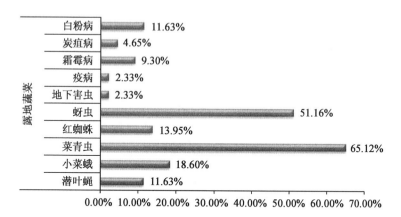

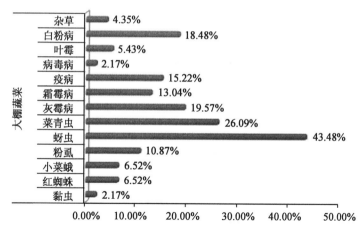

图 1-16　蔬菜作物种植者主要防治对象

研究结果反映出,露地蔬菜和设施蔬菜种植模式下的主要防治对象有差异,露地蔬菜由于种植环境开放,空气流动性要好于设施蔬菜,更适于虫害发生,因此,农民使用农药主要用于防治鳞翅目和小型害虫。设施蔬菜由于种植于设施内,空间封闭,温湿度环境适于病害滋生,也适于害虫发生为害,因此,防治对象中病害和虫害均比较多。

3.果树作物(桃、苹果)

果树体型大,生长周期长,病虫害受周边环境、园区管理、病虫发生规律等因素影响较大,病虫害发生情况较为复杂。在种植桃树的受访者中,以蚜虫、食心虫类害虫、黑星病、红蜘蛛、腐烂病、卷叶蛾等为主要防治对象的受访者较多,分别占受访者人数的 68.42%、44.74%、31.58%、26.32%、15.79%、13.16%,其次,炭疽病、白粉病、霜霉病、粉虱、康氏粉蚧等也是主要防治对象。在苹果种植中,以病害、虫害为主要防治对象的受访者均较多,其中,以食心类害虫、蚜虫、红蜘蛛为主要防治害虫的受访者,分别占受访人数的 54.55%、45.45%、40.91%,以黑星病、腐烂病、锈病、轮纹病为主要防治病害的受访者,分别占受访人数的 36.36%、31.82%、27.27%、18.18%(图 1-17)。

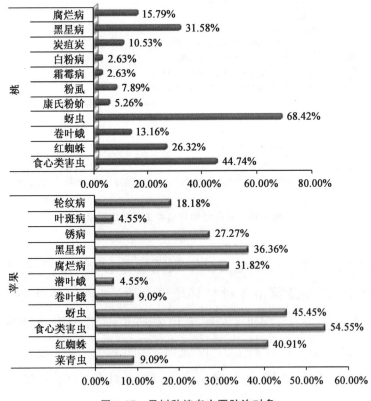

图 1-17　果树种植者主要防治对象

4. 经济作物（西甜瓜、草莓、甘薯）

在西甜瓜种植中，多数受访者以蚜虫为主要防治对象，占到受访人数的 73.33％，另外，以果斑病、红蜘蛛、白粉病、炭疽病、霜霉病、叶斑病、菜青虫、角斑病为主要防治对象的受访者也较多，分别占受访人数的 23.33％、20.00％、16.67％、13.33％、10.00％、6.67％、6.67％、3.33％。在草莓种植中，以白粉病、红蜘蛛、蚜虫、灰霉病为主要防治对象的受访者，分别占受访人数的 78.05％、73.17％、31.71％、29.27％（图 1-18）。甘薯是北京主要的经济作物，在甘薯种植中，主要防治对象是甘薯茎线虫病、根腐病和蛴螬等地下害虫。

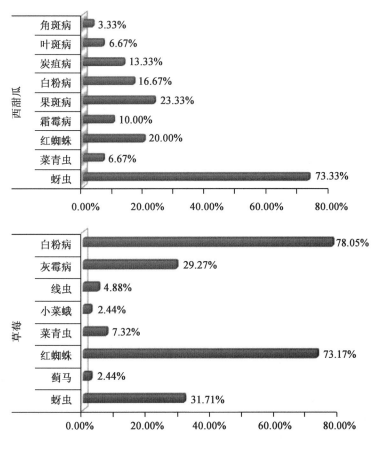

图 1-18　经济作物种植者主要防治对象

(四)主栽作物的用药种类

通过研究农民使用的农药种类,可以帮助植保部门了解农民在生产过程中的防治对象和技术需求,同时还可以为植保部门开展有针对性的试验研究和抗药性监测提供基础。

1.粮食作物(小麦、玉米)

除草剂是北京粮食作物田使用最普遍的农药,另外,在种植过程中还会使用一些防治小型害虫和鳞翅目害虫的杀虫剂,以及部分杀菌剂。在小麦种植中,分别有 48.86%、23.86%、20.45%、14.77% 的受访者将吡虫啉、2,4-D、高效氯氰菊酯、苯磺隆作为常用农药,另外,三唑酮、多菌灵、辛硫磷、乐果、敌敌畏、毒死蜱等也是小麦种植中常用的农药。在玉米种植中,以乙草胺、高效氯氰菊酯、2,4-D、敌敌畏、莠去津 5 种农药作为常用农药的受访者分别为受访人数的 28.65%、17.84%、7.57%、7.03%、5.95%,其次,草甘膦、吡虫啉等也是我市粮食作物田常用的农药(图 1-19)。

2.蔬菜作物(露地、设施)

北京蔬菜作物田使用的农药主要是杀虫剂、杀菌剂。研究发现,在露地蔬菜种植过程中,以杀虫剂作为常用农药的受访者人数要高于以杀菌剂作为常用农药的受访者,其中,吡虫啉、高效氯氰菊酯、苦参碱 3 种杀虫剂使用最为普遍,分别有 64.00%、20.00%、16.00% 的受访者将这3种杀虫剂作为常用农药。受访者经常使用的杀菌剂主要是百菌清、甲基托布津等。在设施蔬菜种植过程中,以百菌清、嘧菌酯、克露、杀毒矾等杀菌剂使用最为普遍,其中,以百菌清作为常用农药的受访者人数最多,占受访人数的 17.24%,在杀虫剂中,以吡虫啉、阿维菌素、甲维盐作为常用农药的受访者,分别占受访人数的 50.00%、8.62%、

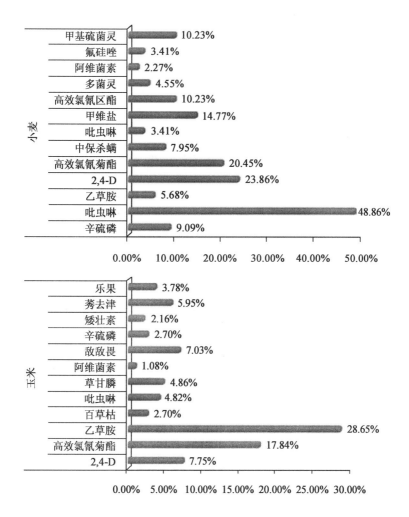

图 1-19 粮食作物田常用农药种类

6.90%（图 1-20）。

目前,在蔬菜作物田使用的农药中,吡虫啉的使用范围较广,是露地和大棚蔬菜种植过程中杀灭蚜虫等小型害虫的主要农药。

3.果树作物(桃、苹果)

在桃树种植过程中,使用吡虫啉、甲维盐、多菌灵、高效氯氰菊酯的受访者分别占受访人数的 70.00%、50.00%、40.00%、30.00%,另外,

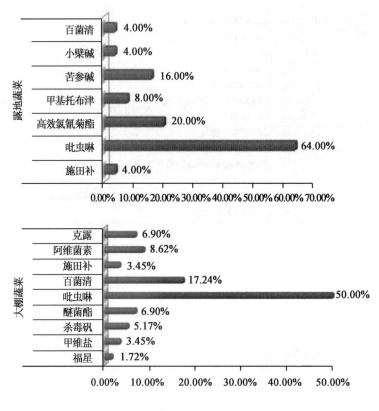

图 1-20　蔬菜作物田常用农药种类

氟硅唑、甲基硫菌灵、阿维菌素、中保杀螨等也是使用较为广泛的农药。在苹果种植过程中,使用吡虫啉的受访者最多,占受访人数的60.00%,其次,使用高效氯氰菊酯的受访者占受访人数的50.00%,使用多菌灵的受访者占受访人数的40.00%,另外,毒死蜱、百菌清、碧护等也是受访者常用的农药(图 1-21)。

4.经济作物(西甜瓜、草莓、甘薯)

在西甜瓜种植过程中,受访者常用的农药是吡虫啉和甲基托布津,以这两种农药作为常用农药的受访者分别占受访人数的40.00%和36.00%,其次,应用比较广泛的农药是百菌清、杀毒矾、噻菌铜等。

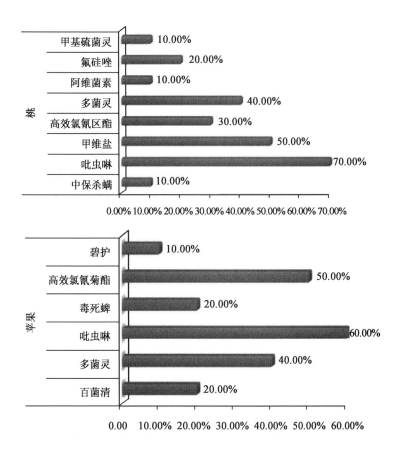

图 1-21　果园常用农药种类

在草莓种植过程中，大多数受访者以杀菌剂作为常用农药，说明草莓病害防治技术需求较大。在各类杀菌剂中，有 93.75% 的受访者以翠贝作为常用农药，另外还会使用甲基硫菌灵、吡虫啉、百菌清、阿维菌素、多菌灵等农药（图 1-22）。在甘薯种植过程中，辛硫磷是常用农药，主要以撒施毒土或蘸根的方式防治甘薯田蛴螬和线虫。

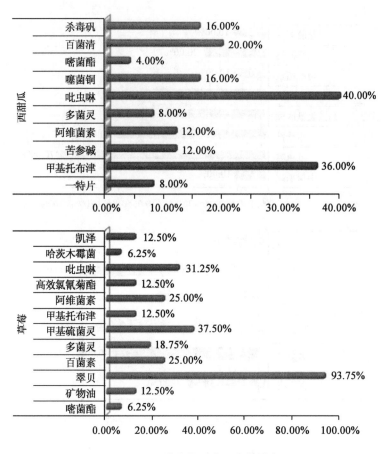

图 1-22　经济作物田常用农药种类

(五)农药使用时机

农药使用时机与防治效果、农药使用量有着密切的关系。研究表明,大部分受访者在防治病虫害时以预防为主,前期严格控制病虫草害发生,这类受访者占总受访人数的 75.16%,也有11.98% 的受访者发现病虫草害就打药或者别人打药自己就跟着打药(图 1-23)。

当农药防治效果不好时,分别有 22.33%、21.74% 的受访者选择加大使用剂量、增加使用次数,有78.26% 的受访者会选择改换其他种类的农药(图 1-24)。

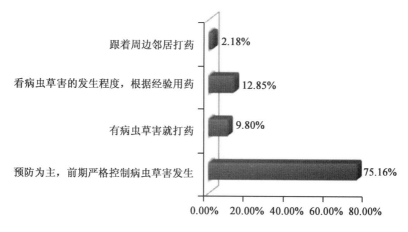

图 1-23　受访者的施药时机

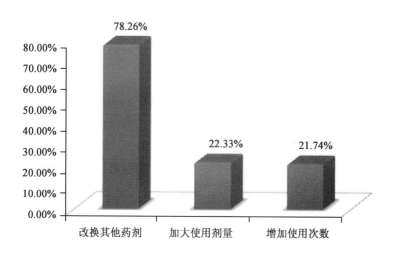

图 1-24　受访者在农药效果不好时的处理措施

(六)农药使用安全间隔期

研究发现,在连续打药时,60.09％的受访者施药间隔时间为 8 天以上,36.15％的受访者施药间隔时间为 5～7 天,另外,3.76％的受访者施药间隔为 3～4 天。

在调查受访者对农药安全间隔期的认识情况中发现,78.81％的受访者认为自己了解农药安全间隔期（图 1-25）。在采摘农产品时，85.21% 的受访者在打药后 7 天以上才采摘，14.79% 的受访者在 7 天以内就开始采摘（图 1-26）。

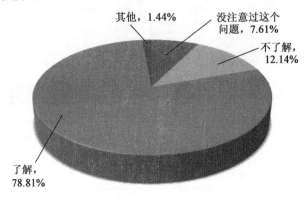

图 1-25　受访者对安全间隔期的了解情况

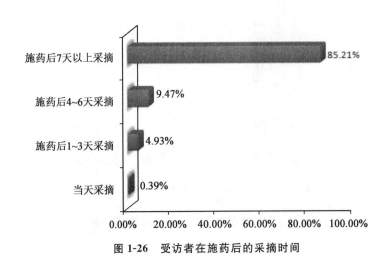

图 1-26　受访者在施药后的采摘时间

四、农民的需求情况

(一)农药的需求

研究发现农民对农药补贴政策的需求较高，主要集中在以下三方面：

1.补贴的实施范围

由于部分受访者所在区不在补贴项目的实施范围以内,因此,没有获得农药补贴物资,这些受访者希望以后补贴范围能够惠及全市农民。

2.补贴的作物范围

近几年,我市根据各类项目任务,主要针对粮食作物、蔬菜作物以及部分果树作物补贴了部分农药等物资。但是,西甜瓜、甘薯、花生、谷子、大豆、中药材等作物一般不在补贴范围以内,部分受访者认为,经济作物往往供应本市市场,并且主要是鲜食或者入药,这类作物更应该享受补贴政策,因此,希望能够将经济作物等也纳入到补贴范围以内。

3.补贴的农药种类

大部分受访者认为,目前发放的农药等物资在生产中实用性强、作用较大,但是品种不够丰富。例如,一些大棚蔬菜种植户提出,希望在现有物资基础上,增加一些自己以往使用过的生物农药,例如阿维菌素、苦参碱、鱼藤酮等。

(二)防治技术的需求

通过现场座谈和相关工作发现,我市种植业对以下防治技术的需求迫切：

1.粮食作物(小麦、玉米)

粮食作物病虫害的防治技术需求主要包括三项：一是免耕玉米田的节药除草技术；二是针对恶性杂草的防治技术,例如麦田碱茅、玉米田刺果藤可以造成严重的产量损失,目前还难以有效控制；三是新发病虫害的防治技术,例如玉米矮化线虫已经在延庆玉米田造成较大的产量损失,缺少相应防治技术。

2.蔬菜作物(露地、设施)

露地蔬菜种植户对田间鳞翅目害虫和蚜虫等主要害虫的防治技术

需求较大;设施蔬菜种植户对土壤线虫(目前缺乏有效防治手段)、难控小型害虫(例如粉虱、蓟马、蚜虫,不仅控制难度大,还可以传毒、传病,增加损失程度)、难防病害(例如一旦发生难以控制的白粉病、灰霉病、霜霉病等)的防治技术需求较大。

3. 果树作物(苹果、桃)

果树种植户的防治技术需求主要集中在果树腐烂病、轮纹病、梨小食心虫等难防病虫害。

4. 经济作物(草莓、甘薯)

目前,草莓种植户急需线虫等主要病虫的防治技术,包括白粉病、灰霉病、蚜虫、红蜘蛛等。甘薯种植户对病毒病、根腐病、线虫的防治技术需求较大,现有技术对这些病虫的防治效果还不理想。

(三)施药器械的需求

受访种植户对于施药器械的需求主要集中在以下几点:

1. 粮食作物(小麦、玉米)

合作社比较关注大、中型施药设备的补贴政策,大部分合作社希望能够加大这类施药设备的补贴力度。部分合作社还提出,希望补贴的中型以上施药设备具有一定的自走能力,以便于在不同地块转运施药设备。也有合作社提出,希望相关部门加强农机农艺的融合配套,避免由于垄宽不够,出现施药设备压苗和无法入田等问题。另外,部分合作社还希望能够在播种、施药、施肥一体机引进、改装等方面提供技术指导和帮助;部分受访农户反映,现有手动喷雾器跑、冒、滴、漏现象普遍严重,这些设备既无法有效控制施药量,也会对施药者的身体健康造成危害,希望有关部门能够开展施药设备的以旧换新行动;植保专防队受访者希望能够加大对专防组织的政策扶持力度,帮助专防队探索出一条可盈利、可持续的服务组织运行模式。

2.大棚蔬果类作物(蔬菜、草莓)

蔬菜、草莓种植户希望加大小型施药设备的引进和补贴力度。

3.果树作物

果树种植户希望相关部门在施药设备改进、现有设备喷头更换、增加喷雾器压力等方面提供指导帮助。

4.经济作物(甘薯)方面

甘薯种植户主要对各类机械化作业设备的需求较为迫切。

(四)技术培训的需求

调查发现,68.36%的受访者参加过植保相关技术培训,但是,也有31.64%的受访者没有参加过技术培训(图1-27)。通过座谈了解到,受访者普遍希望能够参加实用型、接地气的技术培训指导。还有受访农户提出,培训最好能结合当季的农事活动开展,从而及时指导防治技术难题。

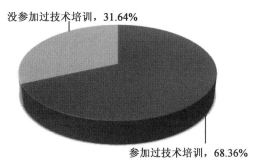

没参加过技术培训,**31.64%**

参加过技术培训,**68.36%**

图 1-27　受访者参加技术培训情况

五、安全用药了解情况

(一)农药安全使用与储存情况

35.40%的受访者在打药后偶尔感到不适,64.60%的受访者从来没有过不适感觉,0.80％的受访者经常会感到不适(图 1-28),因此,北京还需要继续加大安全用药指导工作,并在制定补贴政策的时候,将安全防护设备补贴纳入到考虑范畴之内。另外,由于个体差异,不能简单地将感觉不适归为施药中毒。

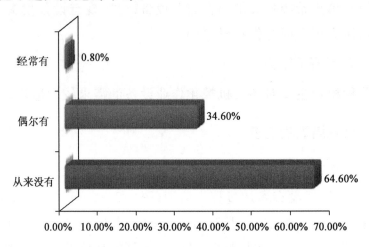

图 1-28 施药后不适感觉调查

北京农户普遍缺少农药储存箱和储存库,54.75％的受访者会将农药储存在家中隐蔽处,1.62％的受访者会将农药随意堆放在家中,只有43.64％的受访者有专门的农药箱和农药仓库(图 1-29)。

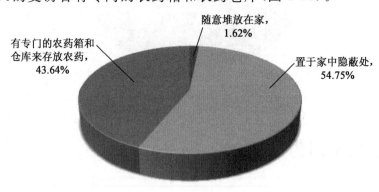

图 1-29 农药储存情况

(二)农药使用风险的认识情况

农户普遍知道不正确使用农药可能造成一系列风险,73.65％的受访者认为农药会造成土壤污染,65.77％的受访者认为会造成水污染,64.94％的受访者认为会造成空气污染,54.15％的受访者认为会造成食物中毒问题,43.15％的受访者认为会导致疾病(图1-30)。

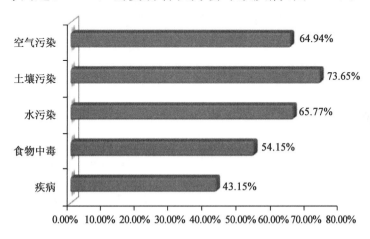

图1-30　受访者对农药不当使用风险的认识情况

(三)高毒、中毒、低毒农药的区分情况

调查发现,62.93％的受访者可以区分高毒、中毒、低毒农药,29.94％的受访者认为自己差不多能够区分,7.13％的受访者不能区分这三类农药(图1-31)。

(四)禁用农药的使用情况

参与调查的507位受访者在近两年均未使用过溴甲烷、硫丹、硫线磷、灭多威、氧乐果、灭线磷、甲拌磷、克百威、涕灭威、甲基对硫磷、对硫磷等禁用农药。

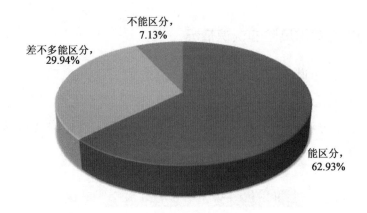

图 1-31 受访者对高毒、中毒、低毒农药的区分能力

第三节 北京市推进低毒低残留农药 使用过程中存在的问题分析

一、农药销售和补贴方面

(一)农药监管力量薄弱,流动商贩、京外购买农药等现象影响农药使用安全

在北京农作物种植过程中,农药的投入成本普遍较高,尤其是草莓、果树、蔬菜、西甜瓜等经济价值高、病虫害发生复杂的作物。正是由于销售农药可以获利,农村地区出现了一些无照经营的流动商贩,另外,也有部分农民贪图便宜在京外购买农药,或将在外地购买的农药带回北京使用,这些行为流动性大、隐蔽性强、处于监管盲区,加大了农药使用和流通环节的监管难度,增加了禁用或假冒伪劣农药流入北京的风险。

出现这些问题的主要原因是，一方面，农药监管对象复杂，农药管理人员短缺，容易出现监管盲区；另一方面，以前执行的《农药管理条例》处罚较轻，无法起到威慑作用，难以杜绝违规农药的使用现象。

(二)低毒低残留农药的推广力度还需要进一步加大

调查发现，一些农户没有或不确定自己使用过低毒、低残留农药；另外，还有 11.73% 的受访者不愿意或不确定自己是否愿意使用低毒、低残留农药，结果说明，北京仍然有必要进一步加大低毒、低残留农药的推广力度，通过各类措施引导，提高农民使用低毒、低残留农药的意愿。

(三)生物农药、天敌产品的推广应用不能缺少补贴政策带动

北京通过各类项目资金支持，大范围推广应用了生物农药和天敌产品，61.47% 的受访者认为补贴产品的作用很大，但是，仅有 55.62% 的受访者会自己出钱购买这类产品，如果没有补贴政策带动，可能会导致化学农药用量出现反弹。

导致农民自己购买低毒、低残留农药，尤其是生物农药、天敌产品意愿不强的主要原因：一是农民在购买农药时，首先考虑的是农药防治效果，而不是农药的种类；二是农业种植收益普遍偏低，而生物农药和天敌产品的使用成本一般较高，农民不愿意增加生产成本；三是使用生物农药和天敌。通常需要掌握这些产品的储存和使用条件，如果农民不经过系统培训，仍然按照化学农药的方法使用，极可能造成产品中的菌体或昆虫死亡，无法产生预期的防治效果，从而降低对这些产品的认可程度。因此，在推广低毒、低残留农药，尤其是生物农药和天敌产品的过程中，完全依靠农民购买难度较大，目前来看，只有将农药补贴、农药管理、农技推广等多种措施有机结合起来，才能实现低毒、低残留农药在北京的大面积应用。

(四)项目补贴的农药品种少、力度小，不能满足减少化学农药用量的发展需求

通过实施"北京都市型现代农业基础建设及综合开发——控制农药面源污染"项目，北京在农药补贴方面进行了积极探索，推动了农药使用减量工作。但是，农药使用水平与发达国家相比依然存在较大差距，主要原因是依托项目补贴发放农药等物资存在很多弊端，不适于北京减少农药用量的长期发展需求。

1. 补贴范围小

"北京都市型现代农业基础建设及综合开发——控制农药面源污染"项目的实施区包括大兴、房山、顺义、平谷、通州、延庆、昌平等 7 个区，位于北京核心区的朝阳、海淀、丰台，以及密云、怀柔、门头沟等重要生态功能区均不在项目实施区域以内。

2. 惠及作物少

根据项目任务，北京主要针对小麦、玉米、蔬菜和部分果树作物补贴发放了农药械等物资，而西甜瓜、甘薯、花生、谷子、大豆、中药材等作物通常不在补贴范围以内。

3. 补贴农药种类少

由于项目实施范围广，资金有限，为便于项目工作顺利开展，补贴产品主要以常用生物农药、天敌和少部分低毒化学农药为主，补贴农药的种类较少，不能完全满足农民的使用需求。

二、农药使用方面

(一)农民老龄化、低学历现状，不利于提高农药使用技术

农药使用涉及有害生物识别、农药配置、打药技巧等各种知识，通

常情况下,由掌握一定知识的人从事植保工作有助于保证农药使用效果,也更有利于农产品质量安全工作。北京地区现状是大量 40 岁以下青壮年劳动力从农村地区流失,目前,农民年龄普遍偏大、文化水平不高,这些农民无论是在体力还是精力上,都不能承受繁重、技术要求较高的植保工作,在农药购买、使用、储存、采摘等各个环节都容易造成农药使用风险。针对这一问题,应该加快引进先进植保设备,加大扶持植保专业化统防统治组织,完善服务补贴机制,填补农民技术水平不高的短板。

(二)农药使用以化学农药为主,生物农药使用比例有待提高

目前,化学防治依然是防治有害生物的主要手段,生物农药的使用比例有待提高。

1. 粮食作物(小麦、玉米)

北京粮食作物种植过程中使用的农药主要是化学农药,生物防治产品主要是赤眼蜂,生物农药使用较少。但是,粮食作物种植业在北京具有一定特殊性,种植粮食作物不仅是许多农民的主要收入来源,同时,粮食作物也是重要的地表覆盖物,在粮食作物田大面积推广使用低毒、低残留农药,尤其是生物农药,对于改善农田生态环境作用十分巨大。

2. 蔬菜作物(露地、设施)

北京蔬菜种植中常用农药以化学农药为主,各类生物农药产品也占有一定的应用比例,目前,生物农药主要在设施蔬菜田使用,农药品种主要有阿维菌素、小檗碱、苦参碱等,但是农民自己购买使用这些农药的比例依然不高。

3. 果树作物(桃、苹果)

果园使用的生物农药和天敌产品较少,常用农药以化学农药为主。由于北京果树行业归林业部门管理,市、区植保站主要根据市级项目以

及农业部任务,在部门区开展生物农药补贴和技术指导工作,普惠范围十分有限。

4.经济作物

草莓种植过程中使用的农药主要是化学农药,有少部分生物农药在田间使用,例如哈茨木霉菌、矿物油、阿维菌素等。甘薯在种植过程中使用的农药主要是辛硫磷,生物农药使用很少,主要原因是生物农药对甘薯茎线虫、病毒病和根腐病的防治效果不理想,缺少合适的生物农药产品。

(三)农药使用量大,乱用、滥用现象依然存在

和发达国家相比,北京主栽作物的农药使用次数较多,化学农药用量依然较高。另外,不同农民在用药次数和用药量方面差异较大,这一问题既有不同地块病虫基数有差异的原因,同时也和农民防治技术水平、安全用药意识有很大的关系。

研究发现,北京农民乱用、滥用农药现象依然存在,有 11.98% 的受访者用药随意,不知道正确的施药时机,在农药防治效果不理想时,分别有 22.33% 和 21.74% 的受访者通过加大使用剂量或增加使用次数来达到防治目的,还有 14.79% 的受访者在安全间隔期内就采摘农产品。不容置疑的是,乱用、滥用农药给生态环境和农产品质量安全带来的潜在风险极为严重,有必要继续加大力度开展农药使用技术的宣传培训。

(四)农民技术水平不高,生物农药和天敌的作用未完全发挥

近几年,北京补贴发放了一些生物农药和天敌产品,经过试验验证表明,这些产品对靶标害虫具有较好的防治效果,可以用于替代化学农药。调查发现,认为"这些产品的作用很大"的受访者占总受访人数的 61.47%,还有一部分受访者在使用这些产品时没有取得预期的防治效

果,主要原因可能有三点:一是,农民往往根据经验使用农药,对于以活菌、活虫为主的生物防治产品了解不够,容易造成活虫、活菌死亡,从而没有产生防治效果;二是,农民老龄化、低学历现状,制约了农民学习和掌握新产品、新技术;三是,相关产品的宣传培训不够。

(五)针对难防有害生物的防治技术攻关缓慢,增加了农民使用中毒、高毒农药的风险

目前,北京农业有害生物的防治技术在国内处于领先水平,但是,受到整个行业的技术制约,北京对多种严重有害生物的防治技术储备依然比较欠缺,这些有害生物的防治问题可能成为农民随意增加农药使用量或者使用中毒、高毒农药的风险点。这类有害生物可以概括为三类:一是新发有害生物,例如杂草刺果藤可以给农业生产造成严重的产量损失,并且难以有效根除,在出现刺果藤的地块,农民往往会增加除草剂用量,目前来看,这些措施的防治效果并不理想;二是易发难防有害生物,例如设施蔬菜田的粉虱、蓟马、蚜虫、白粉病、灰霉病、霜霉病等,这类有害生物在田间反复发生,主要防治措施以前期控制为主,后期大面积发生时容易造成严重的产量损失,由于部分农民防治技术能力不足,容易出现滥用、乱用农药问题;三是无法有效防治有害生物,例如各类作物田经常出现的线虫和土传病害,一旦发生不仅危害当茬作物,甚至会影响到以后的种植生产活动,这些有害生物采用土壤消毒方法成本高昂,农民常用农药的防治效果不理想,容易成为农民使用高毒农药甚至禁用农药的风险点。

(六)施药设备落后,跑、冒、滴、漏现象依然严重

近年来,北京通过项目补贴和统防统治组织建设工作,引进、推广、使用了一批新型施药设备,但是,在施药设备引进和农机农艺融合等方面依然薄弱,主要存在以下几点不足:一是小型、老旧喷雾器的使用范围依然较大。目前,"一家一户"的种植和防治模式依然是

北京主要的农业生产方式,农民使用的打药设备主要是各种类型和品牌的背负式喷雾机,既费工费力,在使用过程中还存在跑冒滴漏等问题,容易造成农药浪费和污染,然而,农民从生产成本考虑,通常没有主动更换的意识;二是存在农机农艺不配套的现象。在新型设备引进和使用过程中,存在一些生产方式和植保作业方式不配套的问题,主要表现在一些作物的种植垄距和植保设备行进轮距不匹配,这一问题增加了植保设备作业难度,容易发生压苗、毁垄问题,另外,设施蔬菜棚内的高效施药设备引进、推广和使用也存在一定困难;三是自行改造施药设备的需求较大。北京春玉米产区和果树产区存在大量农民自行改造的施药设备,这些设备通常由农民自己使用,投入成本少,使用的喷头质量参差不齐,漏药、喷雾不均匀现象较为普遍,在果树园还存在一些设备改造后喷雾压力不足,作业效率不高等问题。不可否认的是,这类施药设备是农民在生产实践中的重要创新,不仅提高了植保作业效率,同时与老旧背负式喷雾器相比,还提高了农药利用率,因此,在引进新型设备过程中,也要兼顾考虑这类自行改造的施药设备,可以依托相关设备生产企业力量,通过再创新,进一步改善这类设备的使用效果和性能;四是播种施药施肥一体化设备少。随着劳动力成本不断提高,一些生产基地对一体化播种、施药、施肥机械设备的需求十分迫切,但是,目前这类设备在北京成功应用的案例还比较少。

三、农药安全性方面

(一)农民打药后感觉不适和农药储存不当等问题急需改善

研究发现,35.40%的农民在打药后感觉不适,配备有专门农药箱和仓库的农民仅占受访农民的43.64%,农民普遍不愿意在个人防护和储存方面增加投入,因此,在推广低毒、低残留农药和生物农药的过程中,也要加大农药使用知识的培训,必要时应该考虑补贴配备相应的防护和储存设备。

(二)农民对高毒、中毒、低毒农药的识别能力有待提高

正确区分高毒、中毒、低毒农药对于推进科学用药工作意义巨大。虽然大部分受访者可以区分高毒、中毒、低毒农药,但是,研究也发现,超过 37.07％的受访者在区分三类农药方面还有待提高。

第四节　进一步推进北京市低毒低残留农药使用的建议

一、加强农药监管体系建设,从源头控制农药使用风险

针对北京减少化学农药用量和保障农产品质量安全的工作形势,建议各级部门加强风险管控意识,加大对农药管理机构的支持力度,在几个方面开展积极探索:一是加快立法工作。在依法治国的新形势下,需要尽快加强农药管理、检测、使用等环节的立法工作,加大对违法、违规生产、销售、使用农药的处罚力度,加强农药流通环节的执法效力;二是创新监管体系。农药是一种特殊的商品,加强农药在销售环节的监管是保证农产品质量安全和生态环境安全的有效措施,可以探索将农药销售网点纳入到整个农药监管体系中,建立农药销售网点定期向农药管理机构上报农药销售信息的制度,这种措施既有助于农药管理部门掌握当地农药使用种类和用量,也有助于植保技术推广部门根据农药销售情况判断病虫草鼠害发生和为害情况,从而可以开展更有针对性的技术服务。另外,管理体系也要配套奖惩措施,鼓励农药销售网点对当地流动商贩和农药违规使用现象进行监督举报。各级植保机构还

可以在一些合法、合规的销售网点开展新产品、新技术的宣传培训，利用销售网点在当地的影响力，加快新产品、新技术的推广工作；三是探索完善"农药准入＋农药补贴＋农药监管＋绿色防控农产品推介"相融合的农药管理、推广服务体系。在农药准入方面可以建立农药准入机制或制定农药产品推介名录，鼓励农户使用低毒、低残留农药和生物防治产品；在农药补贴方面，可以依托市、区财政补贴，重点向低毒、低残留和生物防治产品倾斜，促进这类产品在全市大范围应用；在监管措施上，要完善农药监管体系，严查禁用农药的销售使用，尤其是要加强对农药残留超标责任主体的惩罚力度；另外，要加强对使用绿色防控技术的农产品和基地进行品牌宣传，促进这些农产品实现优质优价，通过典型示范，推进各类绿色防控技术在全市应用，逐步减少北京化学农药用量。

二、加快出台农药械长效补贴机制，大力推广使用低毒低残留农药

目前，北京依托项目资金开展的农药械补贴行动，实施范围小、补贴的农药械品种少、补贴力度小，尤其是项目资金额度不稳定，任务内容和实施范围频繁变化，不利于各项工作的持续深入推进，这种补贴方式已经不能满足北京减少化学农药用量的长期发展要求。因此，建议尽快将农药械补贴纳入到财政预算，在市级层面确定长效补贴机制，制定实施方案，明确工作任务、发展目标、工作措施等核心内容，逐步建立能够覆盖全市农田，涵盖各类作物，更为系统完善的农药械补贴机制。

三、加大植保科技研发投入力度，及时攻克植保关键防治难题

针对北京农民的防治技术需求，以及农民可能选用中毒、高毒农药防治难防有害生物的风险点。建议市、区进一步加大对植保科技的投

入力度,一是要加强对有害生物监测预警能力的研究,做好提前预防,减少防治用药;二是要加大对化学农药替代技术、高效施药技术以及集成技术的研究,有效减少化学农药用量;三是要加快攻关重要病虫害的防治技术,例如线虫、甘薯根腐病、果树腐烂病等病虫害;四是要加强对常用农药的抗药性监测,避免由于病虫对常用农药出现抗药性,导致农民加大农药用量,甚至出现乱用、滥用农药等问题。

四、加强统防统治组织建设,逐步提升农药使用效果

农药使用技术不高、施药设备老旧落后是北京"一家一户"防治方式的客观现状,容易导致农药浪费和污染等问题,北京可以在现有工作基础上,进一步加强统防统治组织建立,通过政策措施,鼓励和引导统防统治组织逐步完善组织结构,提升技术能力,在病虫害防治和农药减量使用工作中,发挥统防统治服务的优势。另外,对于开展统防统治服务有困难的作物,建议加强对小型化、节药、省力施药设备的引进与补贴,依托先进施药设备提升农民的用药水平。

五、强化新技术新产品的宣传培训,提升农民科学用药水平

宣传培训是确保各项新技术、新产品使用到位、操作准确的重要工作措施。针对北京部分农民使用生物农药、天敌产品效果不理想、低毒、低残留农药使用比例有待提高、用药不科学、不安全等问题。建议通过农民田间学校、农药销售网点、电视、明白纸等渠道加强对新技术、新产品的宣传培训,逐步提升农民安全用药、科学用药技术水平。

第二章 粮食作物病虫害绿色防控技术应用情况及需求

第一节 研究背景与方法

一、研究背景

绿色防控是将农田视为一个生态系统来整体考虑,以保障农作物生产、降低农药使用量为目的,人为的协调各种生态因素,控制田间有害生物发生的行为。推广绿色防控技术,可以降低化学农药使用量,保障农产品质量安全和生态环境安全,符合都市现代农业发展要求。为加大绿色防控技术推广,摸清绿色防控技术在北京粮食作物生产中的应用情况及需求,发现其中存在的问题,提出解决措施和发展思路,2013年市植保站组织各区植保站开展了此项研究。

二、研究方法

研究采用调查、走访座谈等形式,涉及通州、大兴、房山、密云、怀柔、延庆、平谷、顺义、昌平9个主要农业区。

研究相关数据主要来源于市、区植保机构的调查统计,可用于研究讨论相关工作,但不能作为官方发布的正式材料来使用。

(一)研究对象

农户、合作社、区级植保站。

(二)研究方法

采取问卷调查、走访座谈的方法,数据采用 Excel 软件分析处理,统计结果以柱状图、饼形图等方式呈现。

(三)问卷调查样本

共收回农户、合作社填报问卷 33 份,区级植保站问卷 9 份。

第二节　病虫草害发生和防治情况

一、病虫草害发生情况

玉米、小麦是北京种植的主要粮食作物。近 3 年,粮食作物病虫害每年发生面积在 1 200 万～1 500 万亩次(图 2-1),其中,2011 年全市小麦种植面积 89.39 万亩,病虫草害发生面积 317.2 万亩次,玉米种植面积 214.3 万亩,病虫草害发生面积 1 174.9 万亩次;2012 年全市小麦种植面积85.5 万亩,病虫草害发生面积 301.1 万亩次,玉米种植面积 182.4 万亩,病虫草害发生面积 1 064.6 万亩次;2013 年全市小麦种植面积 65.09 万亩,病虫草害发生面积 265.3 万亩次,玉米种植面积 160 万亩,病虫草害发生面积 957.2 万亩次。

北京小麦病虫害以麦蚜、吸浆虫、地下害虫、白粉病等为主,玉米病虫害以玉米螟、黏虫、玉米大(小)斑病、褐斑病等为主。

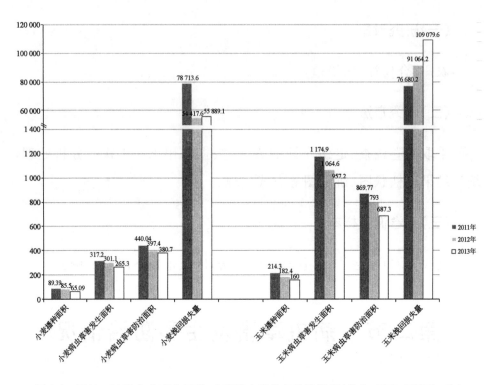

图2-1　2011—2013年北京市玉米、小麦病虫发生与防治情况(单位:万亩、万亩次、吨)

二、病虫草害防治情况

近几年,由于北京病虫草害发生的严峻形势,市植保站依托"北京市农业基础建设及综合开发——控制农药面源污染"项目资金,在全市补贴发放了高效、低毒、低残留化学农药以及生物农药,扶持建立了一批配备有先进病虫草害防治设备的专业化统防统治队伍,重点推广了几项关键技术:一是在麦田重点推广了种子包衣拌种、春季"一喷三防"技术、中后期"一喷三防"技术等,有针对性地在抽穗期防治吸浆虫、白粉病,在扬花灌浆期防治蚜虫;二是在玉米田推广了赤眼蜂防治玉米螟技术、玉米田化学除草减量技术、种子包衣防治地下害虫和种传土传病害技术、黏虫综合防控技术等。

通过全市植保部门的共同努力,北京农作物病虫草害得到了有效控制,化学农药使用量显著下降,对于保障全市粮食丰收增长发挥了突出贡献。根据近 3 年统计,全市玉米、小麦每年防治病虫草害面积 1 200 万亩次左右,平均挽回粮食损失 15.5 万吨(图 2-1),其中,2011 年全市小麦病虫防治面积 280.74 万亩次,杂草防治面积 159.3 亩次,玉米病虫防治面积 511.37 万亩次,杂草防治面积 358.4 万亩次;2012 年全市小麦病虫防治面积 314.1 万亩次,杂草防治面积 83.3 万亩次,玉米病虫防治面积 616 万亩次,杂草防治面积 177 万亩次;2013 年全市小麦病虫防治面积 331.4 万亩次,杂草防治面积 49.3 万亩次,玉米病虫防治面积 534.9 万亩次,杂草防治面积 152.4 万亩次。

三、绿色防控技术的应用现状及需求

(一)绿色防控技术应用现状

近年来,赤眼蜂防治玉米螟技术、小麦拌种、小麦"一喷三防"等技术在北京大面积推广使用,以 2013 年为例,全市在小麦田累计实施各类技术 212.8 万亩次,在玉米田实施 316.78 万亩次,通过应用各类技术,全市化学农药使用量逐步降低。

1. 绿色防控技术在玉米中的应用

2013 年,北京 9 个玉米生产区推广、使用赤眼蜂防治玉米螟、一封两杀(土封、杀明草、杀苗期害虫)、种子包衣等技术占玉米总种植面积的 60.4%。在一系列技术措施中,以赤眼蜂防治玉米螟技术实施面积最大、组织措施最为系统、社会影响力最大。2013 年,9 个区共释放赤眼蜂 96 余亿头,实际放蜂面积占玉米总种植面积的 51.3%,项目区玉米螟的平均防治效果达到 82%以上,共减少农药使用次数 1~2 次,对于控制玉米螟发生,保护首都生态环境发挥了巨大作用。另外,在本研究涉及的 9 个区中,密云、房山、顺义区共种植鲜食玉米 1.9 万亩,采取赤眼蜂防治玉米螟技术等措施达到 1.4 万亩。

2. 绿色防控技术在小麦中的应用

2013,受访区依托中央、市级财政支持,首次实现小麦中后期"一喷三防"全覆盖,通过采用小麦病虫害防治技术,蚜虫、吸浆虫、白粉病等小麦病虫害得到有效控制,蚜虫、吸浆虫的防治效果分别达到 94.4%、92.7%,白粉病的防治效果达 94.4%,挽回产量损失率达 12.3%。另外,全市大力推广应用了小麦拌种技术,在"春病早防,春虫早治",控制第二年病虫害发生与扩散方面发挥了重要作用,得到各区种植户、基地的广泛使用,2013 年,9 个受访区冬小麦拌种面积占总种植面积的97.5%。

(二)可以享受补贴是受访者使用绿色防控物资的重要原因

调查发现,受访者使用赤眼蜂等绿色防控技术的重要原因是这些物资属于补贴产品。57.6%的受访者选用绿色防控技术是为了生产更高价值的农产品,其次,48.5%的受访者认为这些技术的防治效果好,还有部分受访者认为这类技术省工、省力(图 2-2)。研究表明,引导使用绿色防控技术的农产品实现优质优价,可以提高农户使用绿控技术的积极性,扩大绿色防控技术的推广应用范围。另外,通过座谈发现,在绿色防控物资不提供资金补贴的情况下,部分农户可能会不使用绿色防控技术。

(三) 赤眼蜂是受访者最愿意选用的补贴产品

大部分受访者对补贴发放的绿色防控物资使用较为积极,97%的受访者愿意选用绿色防控技术,不愿选用绿色防控技术的主要原因是防治效果不理想或使用成本高(图 2-3)。

在近几年补贴发放的绿色防控物资中,所有受访者都使用过赤眼蜂,36.4%的受访者使用过性诱剂,30.3%的受访者使用过苏云金芽孢

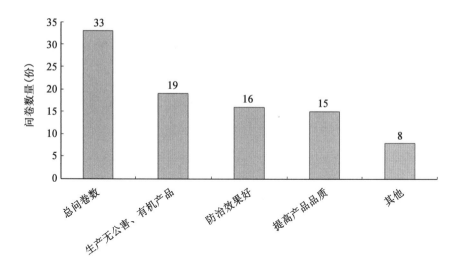

图 2-2 受访者选用绿色防控技术的主要动因(多选问题)

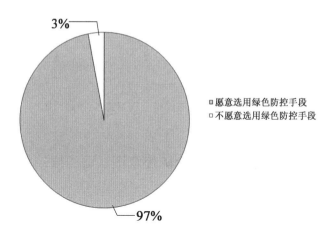

■ 愿意选用绿色防控手段
□ 不愿意选用绿色防控手段

图 2-3 受访者选用绿色防控技术的意愿

杆菌,27.3%的受访者使用过矿物油,12.1%的受访者使用过捕食螨,9.1%的受访者使用过枯草芽孢杆菌,还有部分合作社、农户使用过黄板、蓝板、杀虫灯等措施(图 2-4),合作社、农户两类受访群体对防控物资的选择没有明显差异。

受访者对不同绿色防控物资的使用意愿存在差异,90.9%的受访者愿意选用赤眼蜂,45.5%的受访者选用性诱剂,36.4%的受访者选用苏云金芽孢杆菌,30.3%的受访者选用捕食螨,18.2%的受访者选用矿物油,3.0%的受访者选用枯草芽孢杆菌,结果表明,通过近几年的推广工作,释放赤眼蜂防治玉米螟技术获得受访者的广泛认可,已经成为农户最愿意选用的绿色防控物资(图 2-5)。

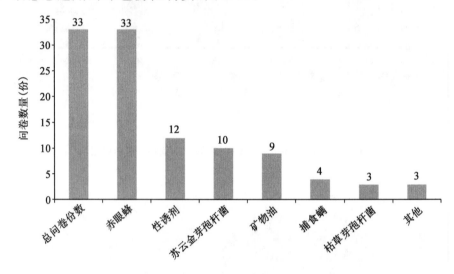

图 2-4 受访者曾将使用过的绿色防控技术(多选问题)

(四)受访者对补贴发放的绿色防控物资认可程度较高

受访者对补贴发放的绿色防控物资认可程度较高。97.0%的受访者认为释放赤眼蜂后对玉米螟起到了防治作用,97.0%的受访者认为该技术有助于提高玉米产量(图 2-6)。对于其他绿色防控物资,72.7%的受访者认为防治效果很好,24.3%的受访者认为防治效果一般,仅有3.0%的受访者认为没有防治效果。

受访合作社、农户两类群体对绿色防控物资的使用效果认可程度不同,受访合作社均认为绿色防控物资的防控效果很好,而在受访农户群体中,67.9%的受访农户认为这些物资使用效果很好,28.6%的受访农户认为效果一般,不如化学农药(图 2-7),这可能是由于合作社通常

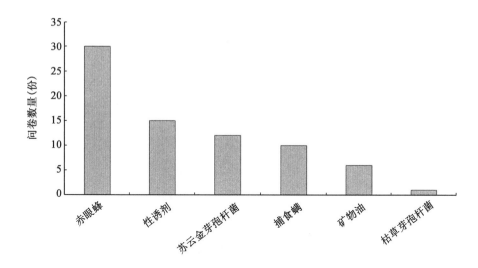

图 2-5　受访者对不同绿色防控物资的选用意愿

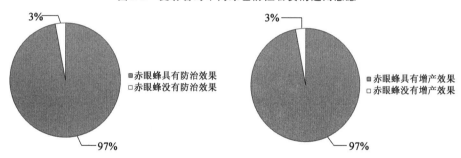

图 2-6　受访者对赤眼蜂防治玉米螟技术的认可情况

配备了技术人员，能够及时指导防治作业，另外，合作社的施药设备等基础条件也要好于农户，更有利于发挥绿色防控物资的作用。

（五）受访者使用绿色防控物资情况

大部分受访者认为自己掌握赤眼蜂防治玉米螟技术的使用要点，97％的受访者认为自己了解释放赤眼蜂的天气条件，所有受访者都表示没有在释放赤眼蜂 2 天以内使用化学农药（图 2-8）。

大部分受访者认为自己掌握苏云金芽孢杆菌、枯草芽孢杆菌、哈茨木霉菌等生物农药的正确使用方法，81.8％的受访者认为自己可以正

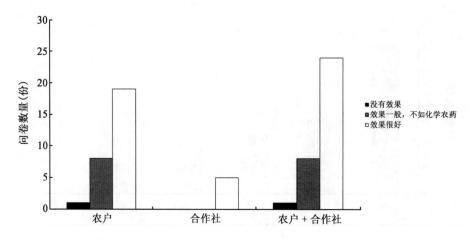

图 2-7　受访者对绿色防控手段(除赤眼蜂防治玉米螟技术)的认可情况

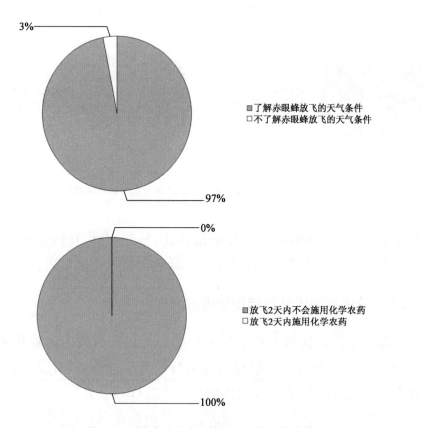

图 2-8　受访者使用赤眼蜂防治玉米螟技术情况

确使用,15.2%的受访者不确定使用方法是否正确,3.0%的受访者曾将生物农药和化学农药混用(图2-9)。

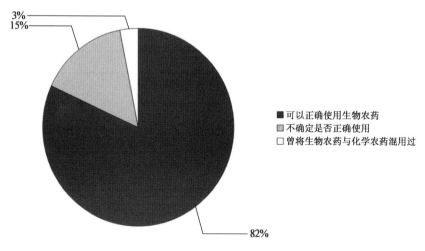

图 2-9 受访者使用生物农药情况

(六)受访者获得绿色防控技术信息的主要渠道是植保部门的宣传介绍

调查受访者获得绿色防控技术信息的主要渠道发现,78.8%的受访者通过植保部门的宣传介绍(农民田间学校、明白纸等)获得信息,54.5%的受访者通过技术员或村内种植专业户介绍,9.1%的受访者通过电视、报纸介绍,3.0%的受访者通过农药商店介绍,没有受访者通过网络渠道获得信息(图2-10),另外,受访合作社、农户两个研究群体在获得信息渠道方面并无显著差异。

(七)受访者普遍希望加强绿色防控物资的补贴力度和使用技术指导

调研发现,受访合作社、农户普遍希望加强绿色防控物资的补贴力度和使用技术指导,87.9%的受访者希望植保部门加大技术服务,21.2%的受访者希望加大绿色防控物资的补贴力度,12.1%的受访者希望提供购买绿色防控物资的途径或者帮助购买(图2-11)。

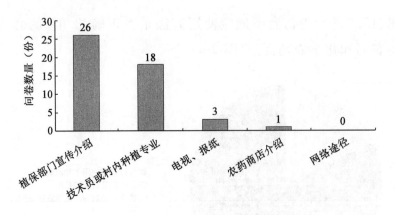

图 2-10　受访者获得绿色防控技术信息的渠道

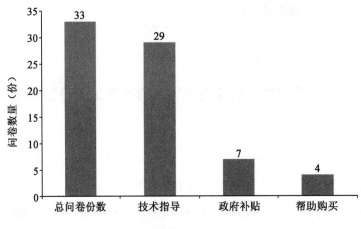

图 2-11　受访者对植保部门的需求情况

第三节　存在的问题分析

一、绿色防控物资的价格偏高

以赤眼蜂为例,2013 年,北京赤眼蜂的购买价格为 6 元/亩,调查发现,受访合作社、农户可以接受的赤眼蜂使用成本分别低于赤眼蜂市场价格的 27％和 25％(图 2-12),其中,受访农户可以接受的使用成本最低为 2 元/亩,最高为 10 元/亩,平均为 4.5 元/亩;受访合作社可以接受的使用成本最低为 2 元/亩,最高为 6 元/亩,平均为 4.4 元/亩。

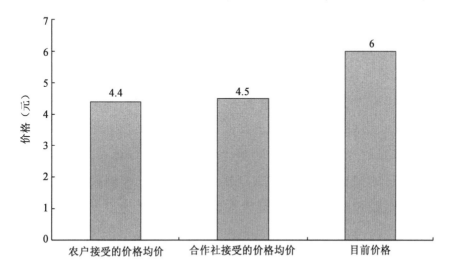

图 2-12　受访农户、合作社可以接受的赤眼蜂使用成本

研究发现,我市通过大范围补贴发放赤眼蜂,促进了赤眼蜂防治玉米螟技术的推广应用,受访者普遍认可赤眼蜂的使用效果,但是,目前,赤眼蜂的市场价格与农民能接受的使用成本之间还存在一定差距,假如停止补贴赤眼蜂等绿色防控物资,转变成完全由合作社、农户自己购买的方式,可能会导致部分合作社、农民放弃使用赤眼蜂防治玉米螟技术,造成我市化学农药使用量回升。

二、绿色防控物资的生产、应用存在一系列制约难题亟待解决

生物农药、天敌是替代化学农药防治病虫害的重要产品,但是,生物农药和天敌多以活菌、活虫为主,在生产、应用过程中存在一系列难

题亟待解决。

以北京重点推广应用的赤眼蜂为例,赤眼蜂在生产、应用过程中存在以下制约因素:一是赤眼蜂的运输、储存、释放需要掌握一定的使用技术。赤眼蜂产品使用的是活卵,在运输、储存、释放过程中需要一定的温度、湿度条件才能保证卵能正常发育,因此,在赤眼蜂使用环节要特别注意外界条件,另外,准确把握赤眼蜂释放的时机也十分重要,过早、过晚释放可能会导致赤眼蜂找不到合适的寄主而提前死亡。但是,北京粮食作物种植户年龄普遍偏大、文化水平不高,在使用赤眼蜂的过程中,可能会出现储存和使用方法不正确的问题,从而影响赤眼蜂的使用效果;二是散户种植模式影响整个区域的防治效果。北京玉米、小麦"一家一户"的种植和防治方式大面积存在,散户种植模式导致相邻地块的病虫基数和防治效果会有较大的差异,可能会出现个别农户防治工作不到位,害虫向周边农田蔓延的问题,影响整个区域害虫的防治效果;三是政府购买依然是支撑赤眼蜂产业发展的重要途径。目前,北京赤眼蜂产品仍然以政府购买为主,合作社、农户自己购买赤眼蜂产品的情况还不普遍,假如政府停止采购,赤眼蜂产业的可持续发展将受到严重制约。

三、绿色防控物资的效果评价方式有待完善

使用效果评价是推介各类绿色防控物资时的重要基础工作,目前,赤眼蜂等天敌产品在效果评价工作中还存在一些制约问题。一方面,天敌产品以"活虫"、"活卵"为主,在运输、储存和使用环节可能会因为技术不到位,出现天敌死亡、活力变弱或者无法孵化等问题,从而导致无法准确评价使用效果;另一方面,天敌在田间使用后,也存在一些因素会影响评价工作。以赤眼蜂为例,目前,北京赤眼蜂防效评价体系存在害虫卵定位困难,防效评价不够完善等问题:一是玉米螟通常连片产卵,卵块比较容易查到,但是由于多产于植株中下部叶片背面,调查比

较困难;桃蛀螟卵较分散,且卵大小不到 1 毫米,极难辨认,导致单靠调查卵寄生率很难准确评价使用效果;二是目前的防效评价没有考虑其他害虫危害等因素,整个防效评价体系还不够完善,今后还需要继续加强评价体系研究工作,在新的评价体系中,要综合考虑卵寄生率、虫口减退率、作物产量等因素,才能准确说明赤眼蜂等天敌产品的使用效果,从而科学指导绿色防控技术的推广工作。

第四节　进一步推广绿色防控技术的思考与建议

近几年,北京通过补贴、推广绿色防控物资和技术,绿色防控技术已经成为全市开展病虫害防治工作的重要措施,但是,本研究发现,目前北京绿色防控物资还存在价格偏高,生防产品的生产、应用和效果评价工作有一系列难题亟待解决等问题,为了进一步推广绿色防控技术,提出以下建议和措施:

一、强化政策引导,逐步探索绿色防控物资的长效补贴机制

近几年,北京通过大面积推广应用绿色防控技术,在稳定粮食产量,降低化学农药用量方面取得了较好的成效。但是,由于农业种植收益低,农民普遍不愿意增加投入成本,在选用农药时,考虑的首要问题是如何有效防治病虫害,往往忽视了农药选用是否恰当,是否会污染生态环境,因此,在现有生产条件下,通过政府补贴引导农民行为,依然是降低农田化学农药用量的重要措施。

以往北京主要依托项目资金对绿色防控物资进行补贴,然而项

目具有不确定性,资金难以长期、稳定保障,一旦项目执行结束,各项绿色防控技术可能面临难以继续推进等问题,因此,在资金保障方面有待建立长效财政政策机制,建议将绿色防控产品、统防统治队伍建设、农药包装废弃物回收等工作统筹考虑,确保工作任务和财政资金的长期稳定。

二、积极探索尝试,推进绿色防控农产品优质优价

农产品价格是影响生产资料投入程度的重要因素,在粮食作物种植过程中,通过积极探索,让使用绿色防控技术的农产品实现优质优价,是推动玉米、小麦病虫害绿色防控技术大面积使用的重要措施。在粮食作物中,鲜食玉米市场价格高,产品在北京地区的市场消化能力强,使用绿色防控技术对于提升产品品质和价格作用较为突出,可以作为探索粮食作物农产品优质优价途径的重要突破口。

三、充分整合资源优势,进一步降低赤眼蜂使用成本

针对赤眼蜂的市场价格和受访合作社、农户能接受的使用成本之间存在差距的问题,北京可以进一步整合资源优势,通过多种措施降低使用成本,提高产品生产效益。

1.加快技术创新

北京生产赤眼蜂的利润一直较低,如何降低防治成本已经成为赤眼蜂产业面临的一个重要问题。一方面,可以借助在京农业、机械制造等领域的技术优势,整合专家资源,通过生产工艺的创新,降低整个生产环节的成本;另一方面,可以根据赤眼蜂在北京的应用成效,形成典型借鉴作用,在全国其他地区推广使用赤眼蜂防治玉米螟技术,通过扩大生产规模,形成产业效益,降低生产成本。

2.加强政策支持

由于赤眼蜂等天敌产品对于北京化学农药减量工作作用突出,建议生产企业要积极争取优惠政策,同时,有关部门也可以在部门职能范围以内,充分利用政策导向、税费优惠等措施,引导和促进赤眼蜂等天敌产业在北京健康发展。

3.提高田间自然种群数量

通过连续几年的赤眼蜂释放和化学农药减量工作,有助于形成良好的天敌栖息环境,在现阶段可以根据不同地块的赤眼蜂自然种群数量,制定相应防治方案,逐步减少全市赤眼蜂用量,从而降低防治成本。

四、加强宣传培训,稳步提升绿色防控技术的使用水平

植保部门不仅要做好新技术、新产品的引进、示范和推广,同时,也要依托现场培训、农民田间学校、各类媒体等多种宣传培训渠道,进一步加强各类技术的宣传与培训,让绿色防控技术能够在首都蓬勃发展,服务好首都的生态环境安全和农产品质量安全。

小注:

北京市赤眼蜂生产现状

北京天敌繁育工厂(北京市益环天敌农业技术服务公司)是基于北京市密云区植保植检站20世纪70年代中期建立的赤眼蜂生产工厂发展而来,占地面积14 500米^2,建筑面积3 000米^2。近几年,依托"北京市农业基础建设及综合开发——控制农药面源污染"等项目支持,天敌繁育工厂在技术研发和生产能力方面得到了长远发展,工厂现阶段生产的天敌种类包括松毛虫赤眼蜂、周氏啮小蜂、玉米螟赤眼蜂、螟黄赤

眼蜂、浅黄恩蚜小蜂、捕食螨、瓢虫、草蛉、肿腿蜂等9种。天敌昆虫年繁育能力达500亿头,其中赤眼蜂总产能400亿头,周氏啮小蜂产能50亿头。39年来,天敌工厂接待国内外37个国家、23个省市10 000余人次的参观考察,累计繁育赤眼蜂3 835亿头,推广防治农林害虫2 415万亩次,相关产品取得了显著的经济、社会、生态效益。

第三章 北京市经济作物病虫发生与防治现状

第一节 研究背景与方法

一、研究背景

北京地区种植经济作物历史悠久,例如甘薯、花生等是北京市民喜欢食用的农产品,这些农产品在北京地区市场消耗量较大。近几年,由于种植粮食作物经济收益不理想,种植经济作物逐渐成为带动京郊农民增收的重要途径。

2013年,为摸清全市经济作物(包括花生、甘薯、大豆、谷子、马铃薯等)种植、病虫发生及防治情况,为进一步开展有针对性、有侧重点的病虫害预测预报、植保技术推广、新技术引进示范工作提供基础,北京市植物保护站组织部分区植保(植检)站开展了研究工作。

二、研究方法

研究采用调查、座谈等方式,在研究过程中还查阅了《植保统计》相关材料。本次研究涉及昌平、密云、顺义、通州、怀柔、平谷、延庆、大兴、房山、门头沟等10个区,涵盖甘薯、花生、大豆、谷子、马铃薯等经济作物,重点调查研究各作物的种植情况、主要病虫害发生和防治情况、植保需求情况等,并对经济作物植保环节中存在的问题进行分析讨论,提出相应的意见和建议。

本研究相关数据主要来源于市、区植保机构的调查统计，可用于研究讨论相关工作，但不能作为官方发布的正式材料来使用。

(一)研究对象

区级植保(植检)站。

(二)研究方法

问卷调查、现场座谈等方法，数据采用 Excel 软件分析处理。

(三)问卷调查样本

共收到大兴等 10 个区植保(植检)站反馈的相关情况。

第二节　经济作物种植
及植保现状

一、主要经济作物种植现状

2012 年，北京经济作物种植面积约为 14.12 万亩，其中，花生种植面积为 4.95 万亩，是第一大经济作物，其次，大豆种植面积为 3.42 万亩，甘薯种植面积为 2.8 万亩，谷子种植面积为 1.72 万亩，马铃薯种植面积为 0.54 万亩，其他经济作物种植面积为 0.71 万亩。

花生主要种植于大兴(2.75 万亩)、密云(1.2 万亩)、怀柔(1 万亩)；大豆主要种植于房山(2 万亩)、门头沟(0.6 万亩)；甘薯主要种植于大兴(2.23 万亩)、密云(2.3 万亩)；谷子主要种植于密云(1.3 万亩)；马铃薯主要种植于延庆(0.54 万亩)；另外，顺义等区还种植了牧草等经济作物(表 3-1)。

表 3-1　北京市主要经济作物及种植现状

万亩

作物种类	昌平	密云	顺义	通州	怀柔	平谷	延庆	大兴	房山	门头沟	合计
甘薯	0.01	0.4	0.092 95	0	0.000 01	0	0.05	2.23	0	0.008 15	2.791 11
花生	0	1.2	0	0	1	0	0	2.75	0	0	4.95
大豆	0.35	0	0	0.15	0	0	0	0.32	2	0.6	3.42
谷子	0.036	1.3	0	0	0.000 001	0	0.365	0	0	0.01	1.711 001
马铃薯	0	0	0.594 5	0	0	0	0.54	0	0	0	0.54
其他	0	0	0.594 5	0	0	0	0.11	0	0	0	0.704 5
合计	0.396	2.9	0.687 45	0.15	1.000 011	0	1.065	5.3	2	0.618 15	14.116 61

二、经济作物主要病虫害及防治措施

(一)花生

2012 年,全市花生种植面积约为 4.95 万亩,病虫害发生面积为 18.20 万亩次,开展防治面积 12.2 万亩次,挽回产量损失 1 254.6 吨,实际损失 454.3 吨。

在各类病虫害中,地下害虫发生面积最大,达到 6.3 万亩次,其次,花生叶斑病 5.9 万亩次、杂草 5.150 1 万亩次、蚜虫 3.7 万亩次、棉铃虫 1.2 万亩次、叶螨 1 万亩次、病毒病 0.1 万亩次(图 3-1)。

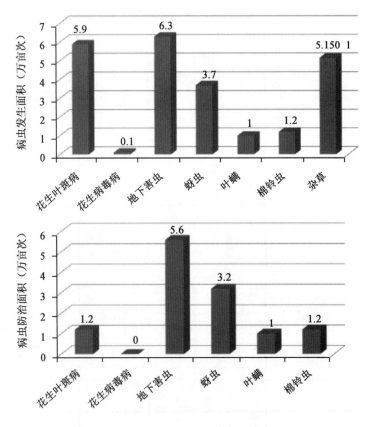

图 3-1 花生主要病虫草害发生及防治情况

从各类病虫害的防治情况来看,地下害虫的防治面积最大,为 5.6 万亩次,其次,蚜虫 3.2 万亩次、叶斑病 1.2 万亩次、棉铃虫 1.2 万亩次、叶螨 1 万亩次、病毒病 0 万亩次(图 3-1)。

通过对各类病虫害开展防治工作,挽回了一些产量损失,其中,蚜虫为 523.2 吨,其次,棉铃虫 475.2 吨、叶斑病 158.4 吨、地下害虫 92.8 吨、叶螨 5 吨、病毒病 0 吨(图 3-2)。从各病虫害造成的实际损失产量来看,蚜虫为 211.2 吨,其次,叶斑病 198.2 吨、棉铃虫 26.4 吨、地下害虫 17.2 吨、叶螨 0.5 吨(图 3-2)。

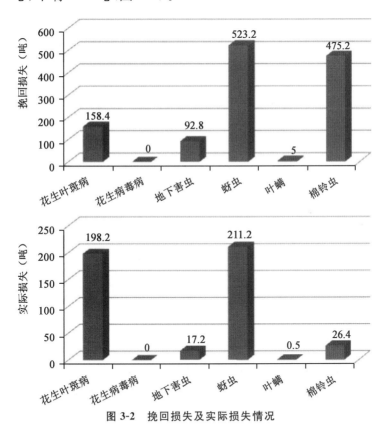

图 3-2　挽回损失及实际损失情况

调查结果表明,在各类病虫害中,叶斑病发生面积最大,但造成的产量损失(每万亩次发生面积时的挽回损失、实际损失之和)要低于蚜虫、棉铃虫,高于地下害虫和叶螨。蚜虫的发生面积低于叶斑病和地下害虫,但是,其造成的产量损失在各种病虫害中最严重,其次依次是棉铃虫、叶斑病、地下害虫,因此,在生产过程中,要特别注意及时防治蚜虫和棉铃虫,以免出现严重的产量损失。另外,地下害虫、蚜虫的防治面积高于其他病虫,需要注意规范农药的安全使用,及时替换高残留农药和出现抗药性的农药品种。

在防治措施方面,北京防治花生叶斑病主要采用多菌灵、百菌清、世高等杀菌剂;防治地下害虫主要采用辛硫磷撒毒土方式;防治蚜虫主要采用吡虫啉;防治叶螨主要选用灭扫利;防治棉铃虫主要采用高效氯氰菊酯;防治杂草主要采用乙草胺、盖草能、覆膜等措施。

在受访区中,大兴区是花生主要种植地区,种植品种以冀油4号和白沙为主,花生病虫草害主要以花生褐斑病、黑斑病、网斑病、地下害虫、杂草等为主。2012年,大兴区花生种植面积2.75万亩,病虫发生面积9.7万亩次,杂草发生2.75万亩次,病虫草害发生及防治情况如下所示(表3-2):

1. 花生叶斑病

发生面积2.7万亩次,其中褐斑病、黑斑病、网斑病均中等发生,褐斑病平均病叶率11.4%,最高田块病叶率29%;黑斑病平均病叶率14.7%,最高田块病叶率32%;网斑病平均病叶率7.3%,最高田块病叶率14%。在种植过程中,花生叶斑病通常不使用药剂防治,2012年,全区实际产量损失为5吨。

2. 地下害虫

发生面积4.4万亩次,中等发生,重茬地块发生重于非重茬地块,害虫种类以蛴螬为主。蛴螬危害率平均6.3%,最高危害率13%。在种植过程中,一般采用整地前撒施辛硫磷土壤处理,据统计,2012年全区地下害虫防治面积4.4万亩次,挽回产量损失40吨,实际损失4吨。

3. 杂草

发生面积2.75万亩次,中等发生,发生杂草种类以反枝苋、铁苋

表 3-2　花生主要病虫发生及防治情况

主要病虫	密云				房山				怀柔				大兴				全市合计				主要防治措施
	发生面积（万亩次）	防治面积（万亩次）	挽回损失（吨）	实际损失（吨）	发生面积（万亩次）	防治面积（万亩次）	挽回损失（吨）	实际损失（吨）	发生面积（万亩次）	防治面积（万亩次）	挽回损失（吨）	实际损失（吨）	发生面积（万亩次）	防治面积（万亩次）	挽回损失（吨）	实际损失（吨）	发生面积（万亩次）	防治面积（万亩次）	挽回损失（吨）	实际损失（吨）	
花生叶斑病（褐斑病、黑斑病、网斑病）	1.20	1.20	158.40	13.20	1	0	0	0	1.00	0.00	0.00	180.00	2.70	0.00	0.00	5.00	5.90	1.20	158.40	198.20	多菌灵、百菌清、世高
花生病毒病	0	0	0	0	0	0	0	0	0	0	0	0	0.1	0	0	0.8	0.1	0	0	0	
地下害虫（蛴螬、金针虫、蝼蛄）	1.20	1.20	52.80	13.20	0.70	0	0	0	0	0	0	0	4.40	4.40	40.00	4.00	6.30	5.60	92.80	17.20	辛硫磷颗粒剂
蚜虫	1.20	1.20	475.20	26.40	0	0	0	0	1.00	0.00	0.00	180.00	1.50	2.00	48.00	4.80	3.70	3.20	523.20	211.20	吡虫啉
叶螨	0	0	0	0	0	0	0	0	0	0	0	0	1.00	1.00	5.00	0.50	1.00	1.00	5.00	0.50	灭扫利
棉铃虫	1.20	1.20	475.20	26.40	0	0	0	0	0	0	0	0	1.20	0	0	0	1.20	1.20	475.20	26.40	高效氯氰菊酯
合计	4.8	4.8	1161.6	79.2	1.7	0	0	0	2.00	0.00	0.00	360.00	9.7	7.4	93	15.1	18.2	12.2	1254.6	454.3	

菜和马唐为主。平均每平方米 2.4 株,最高每平方米 8 株。防治方法主要是在播种后采用仲丁灵土壤处理。据统计,2012 年,全区杂草防治面积为 2.75 万亩,平均防治效果为 95.7％,挽回产量损失 410 吨,实际损失 41 吨。

(二)大豆

2012 年,全市大豆种植面积为 3.42 万亩,病虫害发生面积为 2.05 万亩次,防治面积 1.8 万亩,挽回产量损失 150.25 吨,实际损失 35.5 吨,其中,地下害虫发生面积为 0.6 万亩次、豆荚螟 0.5 万亩次,大豆食心虫 0.35 万亩次、大豆蚜 0.3 万亩次、大豆锈病 0.3 万亩次、棉铃虫 0 万亩次,另外,杂草发生面积为 2.1 万亩次(图 3-3)。

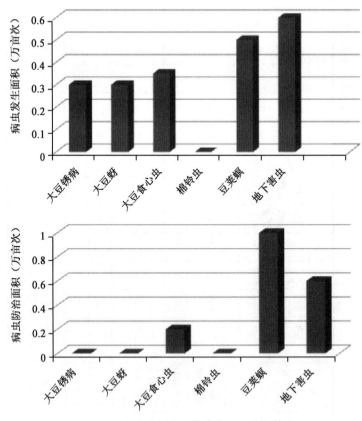

图 3-3 大豆主要病虫草害发生及防治情况

从各类病虫害的防治情况来看,豆荚螟的防治面积为 1 万亩次,其次,地下害虫 0.6 万亩次、大豆食心虫 0.2 万亩次(图 3-3)。

通过对各类病虫害开展防治工作,挽回了一些产量损失,其中豆荚螟为 75 吨,其次,地下害虫 70 吨、大豆食心虫 5.25 吨(图 3-4)。从各病虫害造成的实际损失产量来看,大豆蚜为 20 吨,其次,豆荚螟 7.5 吨、地下害虫 7 吨、大豆食心虫 1 吨(图 3-4)。

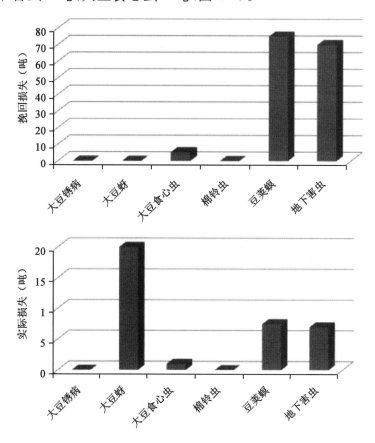

图 3-4　挽回损失及实际损失情况

调查结果表明,北京大豆田虫害重于病害,其中,豆荚螟发生面积最大,其造成的产量损失(发生每万亩次造成的挽回损失、实际损失之和)也最严重,其次依次为地下害虫、大豆蚜(表 3-3)。

表3-3 大豆主要病虫发生及防治情况

主要病虫	昌平				通州				大兴				房山				全市合计				主要防治措施
	发生面积(万亩次)	防治面积(万亩次)	挽回损失(吨)	实际损失(吨)	发生面积(万亩次)	防治面积(万亩次)	挽回损失(吨)	实际损失(吨)	发生面积(万亩次)	防治面积(万亩次)	挽回损失(吨)	实际损失(吨)	发生面积(万亩次)	防治面积(万亩次)	挽回损失(吨)	实际损失(吨)	发生面积(万亩次)	防治面积(万亩次)	挽回损失(吨)	实际损失(吨)	
大豆锈病	0	0	0	0	0	0	0	0	0	0	0	0	0.3	0	0	0	0.3	0	0	0	
大豆蚜	0	0	0	0	0	0	0	0	0.30	0.00	0.00	20.00	0	0	0	0	0.30	0.00	0.00	20.00	吡虫啉
大豆食心虫	0.35	0.20	5.25	1.00	0	0	0	0	0	0	0	0	0	0	0	0	0.35	0.20	5.25	1.00	高效氯氰菊酯
棉铃虫	0	0	0	0	0	0	0	0	0	0	0	0	0	0	0	0	0	0	0	0	
豆荚螟	0	0	0	0	0	0	0	0	0	0	0	0	0.50	1.00	75.00	7.50	0.50	1.00	75.00	7.50	高效氯氰菊酯
地下害虫(蛴螬,蝼蛄,金针虫,地老虎)	0	0	0	0	0	0	0	0	0.60	0.60	70.00	7.00	0	0	0	0	0.60	0.60	70.00	7.00	辛硫磷颗粒剂
合计	0.35	0.20	5.25	1.00	0	0	0	0	0.90	0.60	70.00	27.00	0.80	1.00	75.00	7.50	2.05	1.80	150.25	35.50	

在防治措施方面,北京防治大豆蚜主要采用吡虫啉;防治大豆食心虫、豆荚螟主要采用高效氯氰菊酯;防治地下害虫主要采用辛硫磷撒毒土方式;防治杂草主要采用乙草胺、禾草克、盖草能、人工除草等方式。

(三)甘薯

2012 年,全市甘薯种植面积约为 2.79 万亩,病虫草害发生面积为 8.67 万亩次,其中,地下害虫发生面积最大,为 2.82 万亩次,其次,杂草 2.69 万亩次、甘薯茎线虫病 2.04 万亩次、甘薯根腐病 1.24 万亩次、甘薯黑斑病 0.02 万亩次(图 3-5、表 3-4)。

防治甘薯茎线虫病的主要措施是温烫浸种、福气多土壤处理、高剪苗、药剂浸苗、药剂土壤处理等;防治甘薯根腐病的主要措施是药剂浸苗、轮作等;防治甘薯黑斑病的主要措施是高剪苗等;防治地下害虫(蛴螬、金针虫、蝼蛄)的主要措施是使用辛硫磷颗粒剂等;防治杂草的主要措施是采取人工除草或除草剂土壤处理等措施。

大兴区是甘薯的主要种植地区,种植品种以遗字138、商薯19 和密

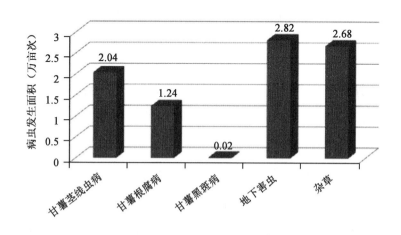

图 3-5　全市甘薯病虫发生情况

表 3-4   甘薯主要病虫发生面积及防治措施   万亩次

主要病虫	昌平	密云	顺义	怀柔	延庆	大兴	门头沟	全市合计	主要防治措施
甘薯茎线虫病	0	0.2	0.04	0	0	1.8	0	2.04	温烫浸种、福气多土壤处理、高剪苗、药剂浸苗、药剂土壤处理
甘薯根腐病	0	0	0.04	0	0	1.2	0	1.24	药剂浸苗、轮作
甘薯黑斑病	0	0	0.02	0	0	0	0	0.02	
地下害虫（蛴螬、金针虫、蝼蛄）	0	0.4	0.09	0.1	0	2.1	0	2.82	辛硫磷颗粒剂
杂草	0	0.4	0	0	0.05	2.23	0	2.69	化防或人工除草
合计	0	1	0.19	0.1	0.05	7.33	0	8.67	

薯为主,甘薯病虫草害发生主要以甘薯茎线虫病、根腐病、地下害虫、杂草等为主。2012 年,大兴区甘薯种植面积为 2.23 万亩,病虫草害发生面积为 7.33 万亩次,防治面积为 7.63 万亩次,挽回产量损失为 3 372 吨,实际损失为 418 吨,大兴区甘薯病虫草害发生及防治情况如下:

1.甘薯茎线虫病

发生面积 1.8 万亩次,中等发生,晚熟品种发病重于早熟品种,重茬地块发生重于非重茬地块。茎线虫病平均病薯率 2.3%,最高田块危害率 16%。防治形式以"一家一户"为主,防治措施主要是辛硫磷土壤处理,高剪苗等。2012 年,全区甘薯茎线虫病防治面积 2.1 万亩,平均防治效果为 93.5%,挽回产量挽回损失 400 吨,实际损失 40 吨。

2.甘薯根腐病

发生面积 1.2 万亩次,偏重发生,重茬地块发生重于非重茬地块,根腐病平均发病率为 8%,严重地块发病率达到 70.5%。目前,生产上主要采用轮作倒茬的措施防控甘薯根腐病,2012 年,通过开展防治工作,共挽回产量损失 1 200 吨,实际损失 200 吨。

3.地下害虫

发生面积 2.1 万亩次,中等发生,重茬地块发生重于非重茬地块,害虫种类以蛴螬和金针虫为主。蛴螬薯块危害率平均 7.4%,最高危害率 38%;金针虫薯块危害率平均 8.6%,最高危害率 65%。防治措施主要是辛硫磷土壤处理等,2012 年,全区甘薯地下害虫防治面积 2.1 万亩,平均防治效果 93.8%,挽回产量损失 880 吨,实际损失 88 吨。

4.杂草

发生面积 2.23 万亩次,中等发生,杂草种类以反枝苋和稗草为主,平均每平方米 1.6 株,最高每平方米 7 株。防治措施主要是定植后采用除草剂土壤处理。2012 年,防治面积 2.23 万亩,平均防治效果 95.5%,挽回产量损失 892 吨,实际损失 90 吨。

(四)谷子

2012 年,全市谷子种植面积约为 1.7 万亩,病虫害发生面积为 1.5 万亩次,杂草发生面积为 1.5 万亩次,其中,谷子黑穗病发生面积为 0.2 万亩次,地下害虫发生面积为 1.3 万亩次。

调查发现,种植户防治谷子黑穗病的主要措施是使用多菌灵等,防治杂草的主要措施是人工除草。

(五)马铃薯

2012 年,全市马铃薯种植面积约为 0.55 万亩,均种植于延庆区,病虫害发生面积为 0.55 万亩次,均为二十八星瓢虫,据统计,2012 年,二十八星瓢虫的防治面积达 1.4 万亩次,挽回产量损失 128 吨,实际损失 95 吨,另外,马铃薯晚疫病、马铃薯病毒病在部分地块也有发生。

表 3-5　谷子主要病虫发生面积及防治措施　　　　　　　　万亩次

主要病虫	昌平	密云	顺义	通州	怀柔	平谷	延庆	大兴	门头沟	全市合计	主要防治措施
谷子黑穗病	0	0.2	0	0	0	0	0	0	0	0.2	多菌灵
谷子白发病	0	0	0	0	0	0	0	0	0	0	
地下害虫（蛴螬、蝼蛄、金针虫）	0	1.3	0	0	0	0	0	0	0	1.3	
杂草	0	1.3	0	0	0	0	0.2	0	0	1.5	人工除草
合计	0	2.8	0	0	0	0	0.2	0	0	3	

第三节　存在的问题与需求

一、主要病虫草害种类有待调查明确

北京经济作物种类多，病虫草害发生情况复杂，以往，北京对花生、甘薯等作物开展了一些预测预报和防治技术研究工作，但是，由于经济作物种植分散、单种作物种植面积小，除了甘薯以外的多数作物没有进行过系统的病虫草害种类调查和防治技术研究，多种经济作物田的病虫草害种类还不够明确。

二、病虫害绿色防控技术体系有待集成

目前，北京农民在防治经济作物病虫害过程中主要借鉴粮田、菜田的相关经验，市、区植保机构仅针对甘薯初步开展了一些绿色防控技术研究和集成工作，在其他经济作物上还没有系统开展过防治方法调研与绿色防控技术试验、示范，急需尽快开展相关工作。

三、植保技术服务体系有待完善

近年来,各区植保机构的技术骨干老龄化问题逐渐严重,新进技术人员明显不足,另外,区级植保机构不仅要承担病虫害预测预报、防治技术指导等工作,同时,部分区级技术人员还要负责农药管理、植物检疫执法等工作,导致区级植保机构在经济作物技术研究、宣传培训、人才培养等方面明显不足。

第四节　意见与建议

一、尽快制订经济作物产业植保发展规划

甘薯、马铃薯、花生、大豆等农产品主要在北京本地市场消费,部分农产品具有鲜食的特点,因此,经济作物田的农药使用和农产品质量安全问题应该引起足够重视。在目前多种经济作物主要病虫草害为害情况不明,防治用药现状不清的背景下,急需形成有针对性的经济作物产业植保发展规划,明确发展目标,形成系统的绿色防控技术推进措施、实施方案和保障措施。

二、加强经济作物绿色防控技术的试验、示范

针对经济作物植保问题要提高重视程度,制定相应的科研扶持计划,加快新型、安全、绿色植保技术的开发、推广和应用进度,优先解决部分经济作物的绿色防控技术需求问题,通过几年的系统工作,逐步形成系统的全程绿色防控技术解决措施。

三、创新植保技术推广机制

针对市、区植保技术服务体系支撑力量不足,农民防治技术水平落后,存在农药使用风险的问题,建议大力推广统防统治等社会化服务形式,依托社会化服务力量,增强区级植保机构的服务能力。

第四章 北京市药用植物病虫发生与生产用药现状

第一节 研究背景与方法

一、研究背景

北京地区药用植物种植历史悠久，素有"国药"、"京药"等美誉[1]，北京也是金银花、黄芩等多种药材的道地产区。2002年全市药用植物种植面积曾达10万亩，之后受多方面因素影响，种植面积不断萎缩，2006年后种植面积才有所回升。近几年，受益于北京农业结构调整，以及市民对生态景观农业需求的快速增长，北京药用植物种植业在药材生产的基础上，还大力发掘药用植物的食用、观赏、造景价值，打造了一批与观光、采摘、餐饮、娱乐、特色产品深加工以及林下种植紧密结合的种植园区和特色村镇，探索了一条具有都市农业特色的药用植物发展之路。

在药用植物种植过程中，为减少产量损失和避免大面积景观作物死亡，病虫害防治是一项关键的农事活动，然而，由于农户和园区的植保技术水平参差不齐，容易出现病虫害防治不到位、错用滥用农药等一系列问题,给药用植物产品质量和生态环境安全带来了潜在风险。

为摸清全市药用植物种植面积、病虫草害发生现状,以及农药使用情况,深入了解药用植物种植户、种植基地在病虫害防治方面的需求,2013 年北京市植物保护站组织 7 个区级植保站开展了研究工作,相关结果可以为各级政府部门制定产业扶持政策提供参考依据。

二、研究方法

研究通过问卷调查与现场座谈相结合的方式,针对延庆、门头沟、房山、密云、平谷、怀柔、大兴等 7 个区的中药材种植户、种植基地,围绕药用植物种植、病虫害发生、防治、生产需求等问题进行了研究,并对药用植物植保环节存在的问题进行了分析,提出了意见和建议。

本研究相关数据主要来源于市、区植保机构的调查统计,可用于研究讨论相关工作,但不能作为官方发布的正式材料来使用。

(一)研究对象

区级植保站、种植户、种植基地。

(二)研究方法

采取问卷调查、现场座谈的方法,数据采用 Excel 软件分析处理。

(三)问卷调查样本

研究共涉及 7 个区级植保站、8 个种植基地、5 个种植户。

第二节 药用植物种植业基本情况

一、药用植物种植现状

近几年,北京平原地区种植药用植物收益有限,人工成本相对较高,药用植物种植区逐渐从平原区转向山区,目前,全市主要产区包括延庆、门头沟、房山、密云、平谷、怀柔等区。

2009 年全市药用植物种植面积共计 8.3 万亩,本研究共统计到药用植物种植面积 7.2 万余亩,与 2009 年相比略有下降,其中延庆区 4.3 万亩,门头沟区 1.9 万亩,房山区 0.5 万亩,密云区 0.38 万亩。

在各类药用植物中,种植面积较大的药用植物共计 22 种(表 4-1),包括黄芩、金银花、玫瑰、万寿菊、黄芪、五味子、甘草、桔梗、板蓝根、猪苓、百合、牡丹、柴胡、马鞭草、丹参、射干、留兰香、丹皮等,其中以黄芩、金银花、玫瑰、万寿菊种植规模最大,并已形成特色产业。

(一)黄芩

黄芩是北京种植面积最大的药用植物,主要种植区包括延庆、门头沟、密云、房山、平谷等区,总面积约为 4.5 万亩,产品主要用于制茶、观赏、采摘等。

(二)金银花

金银花主要种植于房山、密云区,京郊其他各区也有零星种植,全市种植面积约为 0.47 万亩,金银花部分作为药材销售,另外大量用于制茶、观赏、采摘、绿化等,目前,金银花产业形成了以房山区务滋村为代表的特色村。

(三)玫瑰

门头沟区的妙峰山一带种植玫瑰历史悠久,是当地的特色农产品之一,用途包括食用、加工、观赏等,另外,延庆区四海镇附近也种植了大面积的玫瑰,据统计,全市种植面积约为 1 万亩。

(四)万寿菊

北京地区曾经大面积种植万寿菊,种植规模一度超过 5 万亩,后来随着收购价格的下跌,种植规模逐渐萎缩,据植保系统的不完全统计,目前万寿菊主要种植于延庆区,面积约为 0.5 万亩。

表 4-1 北京市药用植物种植情况调查表　　　　　　　亩

	延庆	门头沟	房山	密云	平谷	怀柔	大兴	合计
黄芩	28 935	12 434	1 000	2 000	300			44 669
万寿菊	5 357							5 357
玫瑰	3 840	6 000						9 840
甘草	1 059							1 059
五味子	1 022							1 022
黄芪	470				650			1 120
板蓝根	410				20			430
猪苓	400							400
百合	390							390
苦参	337							337
牡丹	285							285
金银花	185	340	4 000			200		4 725
柴胡	167							167
马鞭草	150							150

续表 4-1

	延庆	门头沟	房山	密云	平谷	怀柔	大兴	合计
丹参				500	90			590
桔梗				1 000				1 000
射干				300	40			340
留兰香					100			100
桔梗					60			60
丹皮					80			80
景天三七							96	96
补肾果							6	6
合计	43 007	18 774.33	5 000	3 800	1 340	200	102	72 223.33

二、种植方式

受访种植户、种植基地均采用露地种植方式,但是,在走访中发现,房山、丰台、海淀等区的部分种植基地采用温室种植中药材。

三、产品主要销售渠道

安国中药材市场是受访种植基地销售药材的主要渠道,另外,也有两家种植基地的产品主要销往制药公司,包括美科尔(北京)生物科技有限公司(万寿菊)、哈尔滨制药六厂(黄芩)、保定制药公司(黄芪)等,还有三家基地的产品用于深加工(金银花)、销售种苗等(图 4-1)。

四、防治成本

调查表明,在药用植物种植过程中,每年每亩地的农药投入成本平均为 15 元,但是,由于受访者的种植品种、栽培环境、病虫害发生情况、

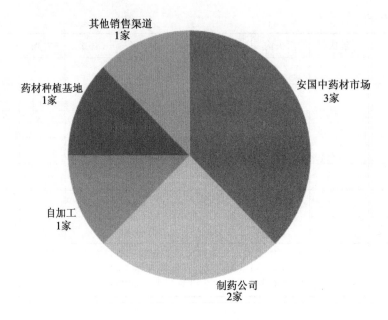

其他销售渠道
1家

药材种植基地
1家

安国中药材市场
3家

自加工
1家

制药公司
2家

图 4-1 受访种植基地产品主要销售渠道

管理措施等因素不同,不同受访对象的投入成本差异较大,在受访者中,最多投入可达 80 元,最低投入仅为 0.2 元,另外,调查还发现,菊花、金银花的农药投入成本普遍较高,通常为 48～80 元。

五、植保技术支持能力

涉及药用植物种植的 7 个区中,仅延庆、大兴区植保站分别具有 2 名和 3 名技术人员具有药用植物植保工作经验,其余 5 个区级植保站均缺少相关专业技术人员。

受访的 8 家药用植物生产基地中,有 7 家基地配备有专职技术人员,其中,6 家基地的技术人员对于常见病虫害可以辨认,并能指导防治工作,1 家基地的技术人员不能有效开展技术工作。

第三节　药用植物病虫发生及防治现状

一、病虫害发生及防治情况

研究表明,全市药用植物病虫害发生情况复杂,具有一定的区域特点(表4-2)。

表4-2　北京市药用植物主要病虫害发生及其防治措施

药用植物	种植面积(亩)	主要病虫害	发生面积(亩)	防治措施
黄芩	44 669.3	白粉病	13 000	氟硅唑
		舞蛾	—	拟除虫菊酯类杀虫剂、清园等措施农艺措施
		叶枯病	500	50％多菌灵可湿性粉剂
玫瑰	9 840	蚜虫	5 000	新烟碱类杀虫剂和杀虫灯诱杀
万寿菊	5 357	黑斑病	3 000	百菌清、福美双
		棉铃虫	—	—
金银花	4 725	尺蠖	20	拟除虫菊酯类杀虫剂、青虫菌
		蚜虫	5 140	拟除虫菊酯类杀虫剂、阿维菌素、苦参碱及黄板
		棉铃虫	40	灭幼脲
		白粉病	20	三唑酮
五味子	1 022	褐斑病		
桔梗	1 000	轮纹病	1 000	发病初期用1：1：100波尔多液或65％代森锌600倍液
		斑枯病		
丹参	590	菌核病	零星发生	—
		叶斑病	零星发生	
射干	340	叶枯病	300	50％多菌灵可湿性粉剂
板蓝根	430	小菜蛾	—	—
月季	—	黑斑病	—	

(一)黄芩

据不完全统计,全市黄芩病虫害发生面积约 1.4 万亩,约占种植面积的 30％以上,其中,门头沟区以黄芩舞蛾为害为主,密云区以叶枯病为害为主,延庆区以白粉病为害为主。在防治方面,门头沟区主要使用拟除虫菊酯类杀虫剂、清园等措施防治黄芩舞蛾,密云区通过使用多菌灵防治叶枯病,延庆区主要使用氟硅唑防治白粉病。

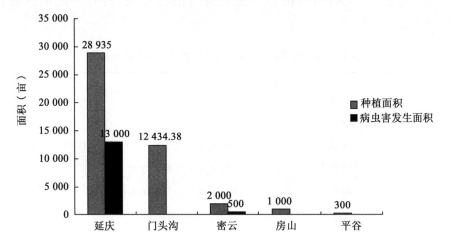

图 4-2　黄芩病虫害发生情况调查

注:门头沟、房山、平谷区病虫害发生面积未统计

(二)玫瑰

玫瑰花病虫害发生面积占种植面积的 50％以上,蚜虫是发生最普遍的病虫害,目前主要采用新烟碱类杀虫剂和杀虫灯诱杀等理化诱控措施开展防治。

(三)万寿菊

万寿菊病虫害发生较为普遍,主要以黑斑病、棉铃虫为害为主,其中,黑斑病是万寿菊主产区四海镇最为严重的病害,经常造成大范围万寿菊提前死亡,严重影响到园区赏花和生产活动,目前,园区防治黑斑病主要使用百菌清、福美双等化学杀菌剂。

(四)金银花

全市金银花病虫害发生面积达 0.5 万亩次,其中蚜虫是北京金银花田普遍发生的害虫,发生面积达 0.5 万亩,田间同时还有棉铃虫、金银花尺蠖、白粉病等病虫为害。在防治方法上,房山区主要采用拟除虫菊酯类杀虫剂、阿维菌素等防治蚜虫;门头沟区主要采用拟除虫菊酯类化学杀虫剂,青虫菌等生物源杀虫剂防治金银花尺蠖;怀柔区主要采用苦参碱、黏虫板防治蚜虫,使用灭幼脲防治棉铃虫,使用三唑酮防治白粉病(图 4-3)。

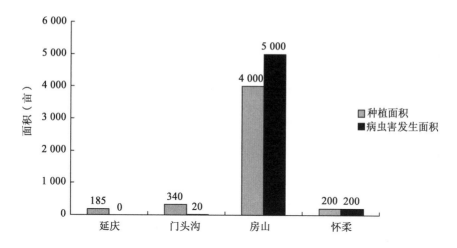

图 4-3　金银花病虫害发生情况调查

(五)桔梗

桔梗田轮纹病、斑枯病普遍发生,发生面积达 0.1 万亩次,主要防治措施是发病初期使用波尔多液或代森锰锌。

（六）射干

射干田叶枯病发生较为普遍，发生面积达 0.03 万亩，主要采用多菌灵防治。

（七）其他药用植物

北沙参田病虫主要是锈病、蚜虫、叶螨和鳞翅目害虫；丹参田主要是根腐病、叶斑病、菌核病；板蓝根田主要是根腐病、鳞翅目害虫；五味子田主要是褐斑病。

二、草害发生及防治情况

研究发现，长期以来，药用植物田杂草发生十分普遍，如果采用人工拔草的方式，费时费工成本较高，很多种植户无法承受，如果使用除草剂除草，我国又缺少登记的除草剂和相关使用技术，另外，盲目使用除草剂也容易导致农产品质量安全和作物药害等问题，由于缺乏杂草的高效防治技术，部分地区还出现了农户改种其他作物的现象。因此，从长远来看，田间杂草的防除问题已经成为制约北京药用植物种植业健康发展的重要难题。

三、基地、种植户防治病虫的主要措施

研究表明，喷洒农药仍然是种植基地、种植户防治病虫害的主要手段，其中，75%的受访基地和60%的受访农户选择喷洒农药防治病虫害；还有25%的受访基地和60%的受访农户选择诱虫灯、黄板等理化诱控措施；25%的受访基地和20%的受访农户选择抗性品种防治病虫

害。另外,有 1 家基地使用寄生蜂防治食蚜蝇,天敌产品由药业公司提供。在调查中,没有种植基地、种植户选择"调整播期,错过病虫害发生高峰"方式(图 4-4)。

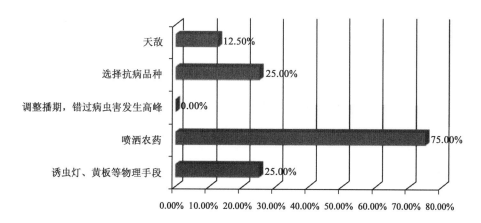

A. 种植基地

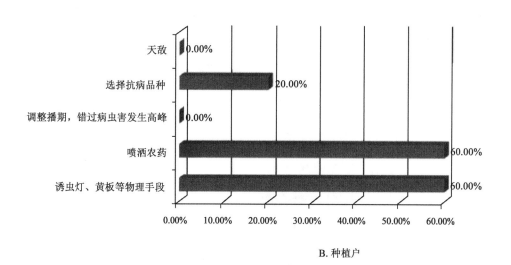

B. 种植户

图 4-4　种植基地、种植户防治措施调查

注:A 图为种植基地防治措施调查结果;B 图为种植户防治措施调查结果

第四节　科学用药情况

一、农药的选购

(一)农药的购买渠道

受访种植基地、种植户购买农药的主要渠道是农药店,仅有 1 家种植基地是通过农药厂家直接购买。

(二)农药的选购

受访种植基地、种植户在购买和使用农药时都会注意农药毒性的高低。在挑选农药时,61.45％的受访者主要参考"防治对象"信息,分别有 46.15％、23.08％、15.38％、15.38％的受访者参考"农药名称及含量剂型"、"生产厂家"、"生产日期"、"熟悉的商标(原商品名)"(图 4-5)。

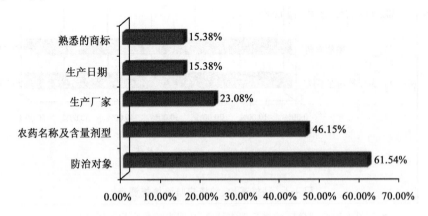

图 4-5　受访种植基地、种植户选购农药时主要参考的农药标签信息

在购买不到所需农药时,60％的受访者会凭经验选用其他农药, 40％的受访者会选用经销商推荐的农药(图 4-6)。

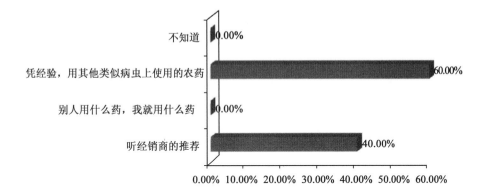

图 4-6　在买不到所需农药时,受访种植基地、种植户选购农药情况

另外,调查还发现,大部分受访种植基地、种植户喜欢对水喷雾的 农药,占到总受访者的 80％,20％的受访者选择"挑选使用起来对人影 响小的",没有受访者选择"只要省时省力,什么都行"或"颗粒剂撒施 的"(图 4-7)。

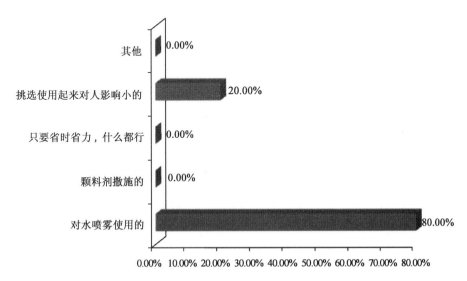

图 4-7　受访种植基地、种植户喜欢的农药类型

二、农药的使用

(一)用药时机

调查发现,45.45％的受访者会"见到病虫就打药",36.36％的受访者"凭经验"打药,18.18％的受访者选择"咨询农技人员",9.09％的受访者"问卖农药的"(图 4-8)。

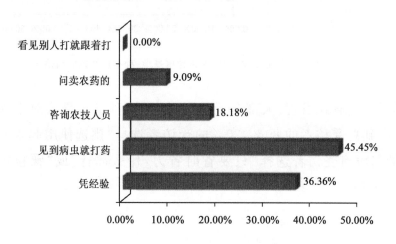

图 4-8 影响受访种植基地、种植户使用农药的因素

(二)施药方式

"每种农药分别喷洒"是受访种植基地、种植户施药的主要方式,占总受访人数的 63.64％,另外,36.36％的受访者选择"多种农药混在一起,一次喷洒"的施药方式,9.09％的受访者选用"烟剂熏蒸,不轻易喷雾"(图 4-9)。

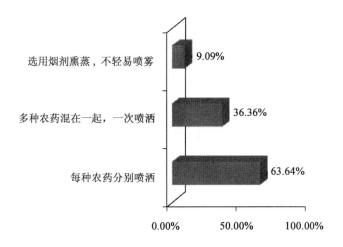

图 4-9　受访种植基地、种植户的施药方式

（三）现有农药使用效果

70％的受访者认为现有农药在防治中药材病虫害时"效果非常好"，也有 20％的受访者认为"能,但效果一般",10％的受访者认为"不能,药很多但效果不明显"（图 4-10）。

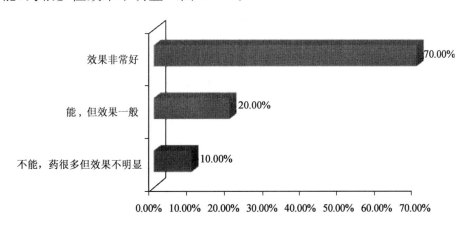

图 4-10　现有农药防治效果

（四）农药用量的参考依据

大部分药用植物种植者会计算农药使用量，72.73％受访者选择"会计算，按标签用量折算一桶水加多少药"，18.18％的受访者选择"不会算，听经销商的"，另外，分别有 9.09％的受访者"会计算，一般要高于标签上的量"、"凭经验用药"，调查结果说明，绝大多数受访者用药科学，但是，也有一定部分受访者无法正确确定农药使用量，可能会存在随意配置农药的现象（图 4-11）。

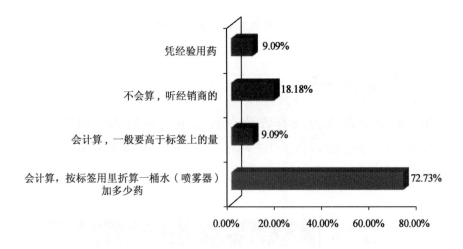

图 4-11　受访种植基地、种植户确定农药使用量的依据

（五）农药轮换使用情况

当农药效果不好时，45.45％的受访者会"询问技术人员"意见，27.27％的受访者会"更换其他农药"，也有 27.27％的受访者会采取"多打几次，加大用量"的方式（图 4-12）。

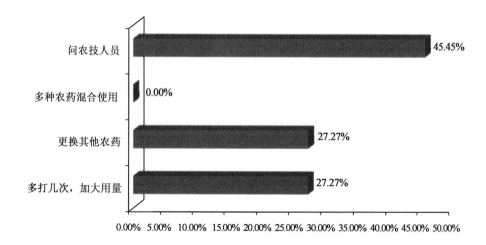

图 4-12　农药的轮换使用情况

（六）农药使用的间隔时间

受访种植基地、种植户使用农药的间隔时间主要"视病虫害发生情况"而定，这类受访者占到总受访人数的 60％，另外，还有 40％的受访者农药使用间隔时间在"7 天以上"（图 4-13）。

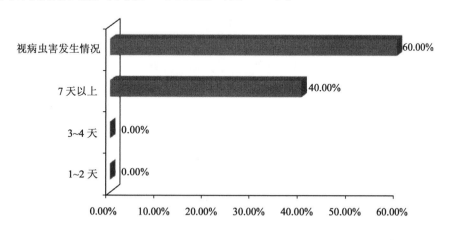

图 4-13　农药使用的间隔时间

三、农药的安全使用情况

（一）禁用农药使用情况

调查表明，81.8％的受访种植基地、种植户知道不能在中药材种植过程中使用禁用农药，并能列举这些农药；还有 18.2％的受访者不清楚哪些农药不能使用，这类受访者均为药用植物种植户。

（二）安全间隔期的认知情况

63.64％的受访种植基地、种植户"知道"农药安全间隔期，27.27％的受访者仅"知道一点"，9.09％的受访者"不知道"农药安全间隔期（图4-14）。

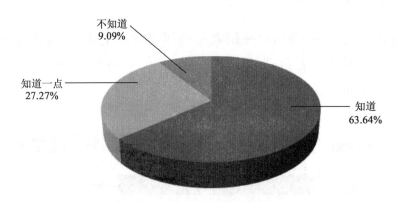

图 4-14　农药安全间隔期的认知情况

（三）药害发生和处理情况

大部分受访种植基地、种植户没有出现过农药药害现象，仅有 1 家种植基地反映出现过药害问题。

当发生药害时，50％的受访者认为是由于"自己没用好（如用量过大，时间不对等）"导致的，而认为是由于"农药有问题"、"没人指导或指导错了"、"气候问题"的受访者均占受访总人数的 25％。

当出现药害时,受访者选择"自认倒霉"和"找技术监督部门鉴定农药质量"的人数均为受访总人数的 36.36％,另外,18.18％的受访者选择"找农业专家会诊",9.09％的受访者选择"找经销店赔偿"。

第五节　植保需求情况

一、防治技术需求情况

调查发现,58.33％的受访者认为气候是影响药材产量的最主要因素,其次,分别有 50.00％、33.33％的受访者认为栽培管理、病虫害是影响药材产量的最主要因素(图 4-15)。座谈发现,在影响药材产量的各种因素中,不同受访者反馈的情况不同,种植万寿菊、金银花等的基地、种植户普遍认为病虫害是影响中药材产量的主要因素。

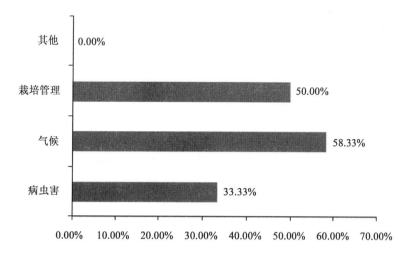

图 4-15　影响中药材产量的主要因素

二、统防统治需求情况

在调查受访者雇用植保专防队打药需求时发现,27.27%的受访者表示"愿意,省工时、打药水平高",18.18%的受访者"不愿意,担心打药的人不负责,效果不好",54.55%的受访者"不愿意,自己能干,不想额外多掏钱"(图 4-16)。调查结果表明,成本因素是制约药用植物种植业统防统治组织发展的首要因素,其次是统防统治组织的服务质量。另外,愿意雇用统防统治组织打药的受访者均为种植基地,说明种植基地相比种植户具有更强的统防统治服务需求。

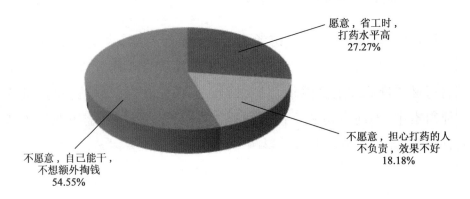

图 4-16 受访种植基地、种植户雇用统防统治组织打药的意愿

第六节 存在的问题

一、政策引导力度不够

北京药用植物种植业整体规模小,在全市经济总量中的占比极低,因此长期以来产业发展没有引起各级政府和行业管理部门的重视,更

没有形成整个产业的长期发展规划,尤其是缺乏相应的扶持政策和资金支持,导致植保等农技推广部门对产业的支撑力量不够,多头介入,没有形成有效合力,与产业蓬勃发展的新形势切合度不高。

二、科技服务力量不足

(一)缺行业专家

北京植保科技服务体系在全国来说比较完善,但是从事药用植物病虫害识别和防治方面的专家较少,同时由于药用植物种类繁多,能够系统全面解决一线防治需求的科研机构和行业专家较少,给植保科技服务带来了较大困难。

(二)缺基层技术人员

据调查,北京药用植物种植园主要由从事过蔬菜、粮食作物栽培的技术人员负责技术指导,这些技术人员缺少植保专业背景和相关培训,对于一些复杂病虫害难以有效辨别,在新型防治技术使用方面缺乏足够经验。

(三)缺科技服务渠道

北京蔬菜、粮食作物种植区相对集中,便于通过植物诊所、农民田间学校、现场培训等科技服务方式开展技术培训,但是在药用植物方面,除少数几种药用植物有成片种植区以外,多数药用植物种植分散,并且种植的作物种类和面积每年变化较大,这些因素都增加了各区植保部门开展科技服务的难度。

三、基础技术研究欠缺

(一)病虫害种类底数不清

长期以来,由于各区植保部门没有开展过药用植物病虫害发生种类、发生基数的系统调查和连续监测,导致各级植保部门对辖区的药用植物病虫害发生情况底数不够清楚。

(二)新型防治技术的应用不够

北京药用植物种植业使用的农药品种和防治技术大多是已经使用多年的"老药"、"老技术",生物农药、天敌昆虫、理化诱控等绿色防控技术的应用比率低、使用的技术种类少,与北京蔬菜和粮田绿色防控技术水平存在较大差距。

(三)专业植保设备不足

农户和园区使用的植保设备以背负式喷雾器为主,大型设备较少,这些设备在药用植物田使用存在一定的局限性,例如存在背负式喷雾器作业效率低、改装设备农药利用率低、部分喷杆喷雾机无法在林下药用植物田作业等问题。

第七节　发展对策与建议

一、积极推进,尽快制定北京市药用植物产业发展规划

随着北京都市现代农业的发展,药用植物种植业在生产、生态、

观光、采摘、药膳等方面具有巨大的发展前景，并且产业发展与北京农业结构调整、生态环境发展政策高度契合。建议有关部门未雨绸缪，尽快制定北京市药用植物产业发展规划，完善顶层设计，明确发展方向，细化扶持政策，尤其要围绕社会各界关注的中药材产品质量安全问题和农药使用风险点，形成配套政策和产业发展目标。

二、强化创新，扶持建立强有力的植保科技服务体系

北京具有较为完善的植保技术推广服务体系和丰富的科技支撑资源，建议药用植物种植业重点区和有关行业部门积极搭建"产学研"合作平台，综合利用植保推广部门、生产企业、科研单位的力量，加速建立具备药用植物植保技术服务能力的多级人才队伍，为京郊药用植物种植农户和园区提供强有力的技术保障。同时，在推广方法上，要加快构建移动互联网植保科技服务平台，打造植保部门和生产者互动的"点、线、面"病虫情报监测和防控技术服务体系，构建一个高效、便捷的新型科技服务渠道。

三、加强研究，及时集成精准高效的病虫害解决方案

北京在蔬菜、粮食作物病虫害预测预报、防治技术体系集成、植保施药设备引进等方面积累了较为丰富的经验，建议药用植物种植业重点区借鉴相关经验，设立相应试验示范项目，针对主栽药用植物开展先期病虫害普查，后续借鉴蔬菜、粮食作物植保工作经验，引进研发一批与药用植物栽培需求配套的病虫害防控产品和植保设备，力争通过几

年的积累,逐步建立起一批主栽药用植物的病虫害绿色防控技术体系,为全市药用植物种植业的发展提供技术保障。

参考文献:

［1］李琳,韩烈刚,王俊英,等.京郊中药材种植现状、存在问题及对策[J].北京农业,2010(36):53-55.

第五章　景观农业发展植保需求研究

——以京西稻为例

第一节　研究背景与方法

一、研究背景

京西稻即"京西贡米"，是北京地区具有丰厚文化、历史特色的农作物，主要种植于海淀区的玉泉山、万寿山附近，该区域水稻种植历史悠久，米质优良，在康熙年间定为贡米。20 世纪 80 年代，京西稻种植面积曾达到 10 万亩，随后，伴随着北京的城市发展，以及水资源紧缺等多种原因，京西稻种植面积不断下降[1]，到 2014 年，种植面积稳定在 1 700 余亩。虽然京西稻种植面积小，但是由于其特殊的历史文化，以及地处市区的优势地理位置，京西稻已经不单纯是一种农作物，目前，围绕京西稻已经出现了一系列具有都市农业特色的衍生产业，包括京西稻主题博物馆展览、田间婚纱摄影、稻田垂钓、亲子乐园，以及插秧节、收割节等节庆活动。2015 年，京西稻获得中国地理标志认证，进一步提升了品牌特色。

随着京西稻产业的不断发展,植保工作的重要性进一步凸显,尤其是农药使用问题以及防治技术问题,直接关系到农田生态环境和稻米质量安全,及时摸清京西稻产区植保现状、存在的问题和发展需求十分必要,为此,2015 年北京市植物保护站、海淀区植物保护站通过病虫害监测、问卷调查、现场访谈等方法开展了调查和研究工作。

二、研究方法

(一)研究对象

种植户、种植企业。

(二)研究方法

采取有害生物监测、问卷调查、现场访谈三种方法。

1.有害生物监测方法

在水稻生长期内,利用杀虫灯、黏虫板、性诱捕器、扫网、鼠害 TBS 技术、踏查等手段,每周到稻田进行实地调查。

2.问卷调查方法

发放调查问卷 3 份,回收问卷 3 份,数据采用 Excel 软件分析处理。

3.现场访谈方法

在水稻种植区现场访谈种植户、种植企业,累计开展现场访谈 3 场。

第二节　京西稻现状与病虫发生情况调查

一、京西稻基本情况

(一)种植面积

2015 年海淀区京西稻播种面积为 1 550 亩,分布在上庄镇和西北旺镇,其中上庄镇西马坊村 280 亩,东马坊村 200 亩,常乐村 450 亩,上庄村 220 亩;西北旺镇永丰屯村 400 亩。

(二)栽培环境

稻区地处海淀西山东面洼地,水资源丰富。年平均气温 12.5℃,无霜期 211 天,年平均降雨量 600 毫米左右,生长期日照数 1 400 小时,有效活动积温达 3 900℃,充分满足了京西稻的种植需求。

1.气候

种植区 6 月下旬至 8 月中旬高温多雨,日均气温 25～27℃,温度适宜水稻分蘖、茎叶生长和扬花授粉。8 月下旬至 9 月下旬,日光充足,日均气温 20～25℃,有助于水稻扬花,平稳灌浆,利于优质米形成。

2.土壤

土壤多为轻壤至轻黏土,经过多年种植已形成水稻土特征,富含有机质,含量平均达 1.76%,保水保肥力强,利于水稻栽培。土壤 pH 为 7.5～8.0,水稻育秧及幼苗期田必须通过大水洗盐,或采用客土、调酸等措施调到 4.5～5.0,营造适宜幼苗生长的微酸性环境。

3.水资源

种植区分布在永定河、清河及南沙河冲积扇区域。区域内水质优良,境内有 18 条主要河流,16 条常年性河流,2 条季节河,地下水资源丰富。

(三)主栽品种

目前,种植的主要品种为越富、津稻 305、津稻 28 等,另外,在部分地块种植了紫叶黑米等多种品种。

(四)主要种植模式

海淀区农业部门依托项目支持,在美化稻田景观的过程中,主要推广应用了两种种植模式,并形成了一定规模:

1.稻田油菜花种植(水稻油菜轮作)模式

即在春天种植油菜花,在水稻种植前充分使用农田,打造出了千余亩"醉美"油菜花海,油菜后期作为绿肥翻入土壤,提高土壤有机质含量,减少化肥用量,随后种植水稻。

2.立体种植模式

立体种稻养鸭、养蟹、养鱼。养鸭可清除杂草,杜绝除草剂使用,养鱼养蟹可监测水质,提高稻米品质。

(五)种植户结构与生产目的

京西稻种植户结构复杂,包括散户、种植大户(50 亩以上)、企业、科研院所等。各类种植户不仅从事粮食生产,同时,部分企业、园区还围绕水稻种植开发了观光休闲农业、稻田垂钓、婚纱摄影、亲子乐园等多种文化活动,带动了京西稻产业发展,提高了农民收入。

(六)种植收入与成本情况

受访农户种植的水稻品种均以越富为主,其中 1 位受访者同时种植了越富、津稻 305,1 位受访者同时种植了越富、复合、津稻 305 等 3 种品种。2014 年,受访种植户平均亩产量为 455 千克,亩纯收入为 1 000～3 500 元不等,每亩的总生产成本平均为 1 333 元,主要用于支付水、电、人工、农药等费用(表 5-1)。

在人工开支中,插秧平均为 200 元/亩,收稻平均为 100 元/亩,手动喷雾器打药平均为 150 元/天(约为 30 元/亩),人工拔草平均为 200 元/天(约为 100 元/亩,视草量作业速度不等)。每亩稻田的农药使用成本平均为 25 元,占总成本的 1.88%。尽管购买农药的费用较低,但是在植保方面打药、拔草的人工成本较高,2014 年,受访种植户支付植保作业的人工费用平均为 147 元,占总成本的 11.03%,购买农药和植保作业人工成本合计达总成本的 12.9%。

表 5-1　2014 年受访种植户收入、成本基本情况

受访农户	种植面积(亩)	种植品种	亩产量(千克)	亩纯收入(元)	购买农药花费(元/亩)	防治次数(次)	植保作业人工成本(元/亩)	总生产成本(元/亩)
1	100	越富和津稻305	410	1 000	50	5	190	1 500
2	50	越富、复合、津稻305	450	2 800	15	5	190	1 200
3	300	越富	505	3 500	10	3	60	1 300
平均			455	2 433	25	4	147	1 333

注:"亩纯收入"差异较大主要是由于生产目的不同;"植保作业人工成本"未统计种子处理人工费用;"总生产成本"中不含租地费用。

二、病虫草鼠害发生情况

2014—2015 年,北京市植物保护站、海淀区植物保护站利用杀虫灯、黏虫板、性诱捕器、TBS 等监测方法开展了调查工作,结果表明,京西稻产区病害主要有纹枯病、白叶枯病、稻瘟病、赤枯病等(表 5-2);虫害主要有稻水象甲、稻毛眼水蝇、二化螟、稻蓟马等;杂草主要有要有莎草(聚穗莎草、异型莎草、头状穗莎草等)、稗草、鬼针草、鳢肠、四叶萍、野慈姑等,鼠种主要有褐家鼠、小家鼠、黑线姬鼠等,其中,一病(纹枯病)一虫(稻水象甲)一草(莎草)对水稻为害严重,是种植户主要的防治对象。

(一)病害

1. 纹枯病

又称云纹病,是世界性的水稻病害,在我国各稻区均有发生,由立枯丝核菌感染得病,多在高温、高湿条件下发生,苗期至穗期都可发病,一般在分蘖盛期开始发病,主要为害水稻叶鞘,其次为叶片,稻株受害后叶鞘出现灰绿色、水浸状、边缘不清楚的小斑,逐渐扩大,可连接成不规则的云纹状大斑。可导致秕谷、千粒重下降等问题,严重时可造成倒伏、枯孕穗等。病菌以菌核体在土壤中越冬,次年通过水流传播,夏、秋气温高、雨水多、种植密度大、施用氮肥过多、连续灌深水、重茬等有利于发生。

2. 白叶枯病

是由细菌引起的水稻病害,除新疆外,我国各产区均有发生,受害后,叶片枯白色,常见 5 种典型症状,叶缘型、急性型、凋萎型、中脉型、黄化型。该病可导致瘪谷增多,千粒重降低,病菌在带菌谷种和病株残体上越冬,随水流传播,从叶片的水孔、伤口、茎基、根部伤口处侵入。带病苗移栽至大田后,在分蘖末期,稻株抗病力下降时开始发病,形成中心病株。品种、栽培制度、灌溉水是流行的主要条件,北方稻区,封行后气温 25～30℃,相对湿度 85% 以上,多雨、少日照、风速大易暴发流行。

3.稻瘟病

是世界各水稻产区主要病害之一,由病原真菌侵染水稻而引起,以山区、丘陵地区发生重,容易流行成灾,根据水稻生育期或发病部位不同可分为苗瘟、叶瘟、节瘟、穗颈瘟、谷粒瘟等。病原主要在病谷、病稻草上越冬,次年侵染秧苗造成苗瘟,随气流或移栽等传播侵染大田造成叶瘟和穗瘟。感病品种、破口到齐穗期连续阴雨 3 天以上,偏施氮肥有利于瘟病的发生和流行。

4.赤枯病

也称铁锈稻,在土壤缺钾时发病多而严重,主要包括生理型和中毒型两大类。生理型主要因为土壤缺钾或部分缺磷所致,多发生在沙土田、漏水田及红、黄壤水田。中毒型主要发生于长期浸水、泥层深,通透性差的水田,未充分腐熟的有机物在嫌气性分解中,产生有毒物质危害稻株根部,造成叶片赤褐色斑点,呈缺钾症。

表 5-2　京西稻主要病害种类及特点

病害名称	为害部位	为害损失	特点	在京西稻田发生情况
纹枯病	叶鞘、叶片	一般可减产 10％～20％,严重可减产 50％以上	以菌核体在土壤中越冬;分蘖盛期开始发病,拔节期病情发展加快,孕穗期前后是发病高峰	各村稻田每年均有不同程度的发生,为主要病害和防治对象
白叶枯病	叶片、叶鞘	一般可减产 10％～30％,严重可减产 50％以上	病菌在带菌谷种和病株残体上越冬;在分蘖末期,稻株抗病力下降时开始发病,形成中心病株	零星发生
稻瘟病	叶片、茎秆、穗部	一般可减产 10％～20％,严重可减产 40％～50％	病原主要在病谷、病稻草上越冬;侵染秧苗造成苗瘟,随气流或移栽等传播侵染大田造成叶瘟和穗瘟	零星发生
赤枯病	叶片	一般可减产 10％～20％,严重可减产 50％以上	生理型缺钾型在水稻分蘖前期发生,缺磷型在移栽后 3～4 周发生,随后恢复,至孕穗期可能复发;中毒型移栽后不返青,或返青后生长不良	零星发生

(二)虫害

见表5-3。

表5-3 京西稻主要虫害种类及特点

名称	分类地位	为害损失	发生特点	在京西稻田发生情况
稻水象甲	鞘翅目 象虫科	一般地块减产10%～20%,严重的地块减产50%～70%	北京地区一年一代,5月份插秧后1周左右开始为害,8月份为新一代成虫盛发期	主要虫害和防治对象之一
稻毛眼水蝇	双翅目 水蝇科	—	—	零星发生
二化螟	鳞翅目 螟蛾科	一般年份减产5%～10%,严重减产50%以上	北京地区每年发生2代,以二代为害对产量损失大	主要虫害之一
稻蓟马	缨翅目 蓟马科	—	早春水稻出苗后,成虫从杂草等寄主上迁入,繁殖为害	零星发生

1. 稻水象甲

稻水象甲为全国农业植物检疫性有害生物。2010年在海淀发现稻水象甲,除永丰屯为新稻区外,其他各村每年均有发生,该虫一年一代,以成虫越冬,越冬代一般在5月份插秧后1周左右即迁移到秧苗田进行取食,之后产卵,8月份为新一代成虫盛发期,随后以成虫在稻田周围草丛、田埂土壤缝隙等处越冬。

2. 稻毛眼水蝇

一般年份并不容易引起注意,零星发生,无危害。但2013年5—6月份在各村大面积发生,其为害状初被误认为是稻水象甲所致,经查明后指导农民使用斑潜净、吡虫啉等进行防治,效果明显。

3. 二化螟

全国水稻产区的主要害虫之一。北京地区每年发生2代,以二代为害对产量损失大。2015年,在西马坊和东马坊稻田设置性诱捕器,诱蛾数量可观,粗略统计在2周内每张黏虫板诱虫数量在60头左右(小船型诱捕器),之后释放稻螟赤眼蜂进行防治,收效明显。

4.稻蓟马

稻蓟马生活周期短,发生代数多而重叠,早春水稻出苗后,成虫从杂草等寄主上迁入,繁殖为害,随秧苗移栽转至本田为害,高温干旱利于发生,在北京地区为零星发生。

(三)杂草

京西稻田杂草主要有莎草(聚穗莎草、异型莎草等几种)、稗草、鬼针草、鳢肠、四叶萍、野慈姑等(表5-4),其中,莎草发生最为普遍,是种植户主要的防除对象之一,野慈姑主要分布于田边沟渠,未发现直接为害水稻。另外,稻田地头还分布有苍耳、马唐等田间常见杂草。

表5-4 京西稻田中主要杂草及发生规律

名称	分类地位	始见期	花果期	分布地域
聚穗莎草	莎草科 莎草属	5—6月	花果期6—10月	海淀
鬼针草	菊科 鬼针草属	5—6月	花果期8—9月	全市
鳢肠	菊科 鳢肠属	4—5月	花果期6—9月	海淀
野慈姑	泽泻科 慈姑属	4—5月	花期6—8月 果期9—10月	海淀

(四)鼠种

利用TBS技术监测发现,京西稻田主要鼠种有3种,分别为褐家鼠、小家鼠、黑线姬鼠,捕鼠量在7—9月份逐渐增加,9月份达到高峰,随后下降。

第三节 防治现状

一、防治措施

通过调查和座谈,研究表明京西稻病虫草害防治主要发生在三个种植阶段(表 5-5)。

表 5-5 京西稻主要防治阶段与措施

种植阶段	用药次数(次)	时间(月)	主要防治对象	常用农药或措施
种子处理阶段	1	4	病害(种传、土传病害)	多菌灵、甲霜灵锰锌或甲霜灵锰锌＋百菌清等
育苗阶段	1	4	杂草(育苗田杂草)	丁草胺、丙草胺、二氯喹啉酸等
插秧-收获阶段	1～3	5～8	病害(纹枯病、稻瘟病等);虫害(稻水象甲、二化螟等);杂草(莎草等)	杀菌剂(井冈霉素等);杀虫剂(吡虫啉、斑潜净等);除草(人工拔草或稻鸭种养等)

(一)种子处理阶段

在 4 月份育苗前,通常采用杀菌剂对种子处理 1 次,主要选用多菌灵、甲霜灵锰锌或甲霜灵锰锌＋百菌清等。

(二)育苗阶段

通常采用土壤封闭除草剂对育苗地除草 1 次,防止育苗土夹带的草籽出苗形成为害,采用的除草剂主要为丁草胺、丙草胺,部分育苗地也使用二氯喹啉酸开展茎叶除草。

（三）插秧-收获阶段

此阶段病害主要为纹枯病,虫害主要为稻水象甲,杂草主要为莎草,根据防治对象种类和发生程度不同,采取的防治措施和次数也有差异,通常防治 1～3 次。目前,种植户选用的杀菌剂通常为井冈霉素;选用杀虫剂为吡虫啉、斑潜净;除草通常采用人工拔草或稻鸭种养方式。

二、防治设备

目前,由于京西稻种植面积小等原因,京西稻产区防治设备较为落后,背负式喷雾器是种植户施药的主要设备,喷杆喷雾机等施药设备严重缺乏,同时,种植区也没有形成可以开展专业化统防统治服务的服务组织。

三、绿防技术应用情况

近年来,在市、区农业部门以及科研院所的技术支持下,部分种植面积较大的企业、种植户已经开始尝试应用多种绿色防控技术,而小面积种植户采用的绿色防控技术依然较少。目前应用的绿色防控技术包括油菜水稻轮作、稻鸭稻蟹种养、太阳能杀虫灯、性诱捕器、调整灌溉和晒土时间以除草防病等各类措施。

四、农药购买和选用情况

（一）农药信息的获取渠道

受访种植户了解农药品种信息的渠道均为"农技员（植保技术人

员）推荐"以及"左右邻居、亲友介绍"，没有受访者通过"农药销售人员推荐"、"全科农技员推荐"、"电视、广告宣传"三种渠道获得农药品种信息，调查结果与蔬菜、果树、大田种植户获取信息的方式有较大差别，主要原因是北京地区水稻种植面积小，稻田植保技术推广、农药销售、产品宣传等工作均落后于蔬菜、果树、大田。

（二）农药的购买渠道

受访种植户购买农药的渠道均为"农药店"，没有受访者从"流动商贩"以及"从企业直接购买"，调查表明，水稻种植区农药购买渠道较为规范。

（三）对低毒低残留农药的认知和使用情况

受访种植户对低毒低残留农药均有较好的认知，所有受访者都能识别低毒低残留农药，并且均使用过低毒低残留农药。

（四）科学使用农药情况

当农药防治效果不好时，所有受访种植户都选择"改换其他药剂"，没有受访者选择"加大使用剂量"、"增加使用次数"等方式，研究表明，受访种植户普遍较好地掌握了科学用药常识。

五、种植户主要防治对象与难点

通过问卷调查和实地访谈了解到，受访种植户最关注的防治对象是一病（纹枯病）一虫（稻水象甲）一草（莎草），普遍认为近几年一病一虫一草发生严重。另外，部分受访种植户认为稻螟、稻瘟病发生也较为普遍，这与田间调查结论相符。

第四节　存在的问题分析

一、植保科技需求迫切,技术服务力量严重不足

农产品质量安全和生态环境保护对于京西稻的长远发展非常重要,受访种植户和有关企业肯定了植保工作对于京西稻产业发展的重要性,同时也表达了对新型植保技术培训、服务的迫切需求。目前,市、区植保站在京西稻产区开展了一些工作,例如日常监测、关键时期的防治技术指导等,但是与蔬菜等作物相比,工作力度明显不足,主要原因是水稻种植面积在北京出现了长时间的大幅度萎缩,导致市、区相关技术专家十分缺乏,尤其是承担一线具体工作的区级植保站还面临着人员少、项目经费不足、监测和执法任务重等问题,都在一定程度上制约了新技术的推广和服务。另外,京西稻不仅是一种粮食作物,同时也是一种景观作物,防治技术和粮田所用技术有一定差异,适用的新技术还需要根据实际情况开展有针对性的试验探索。

二、常用农药药械老旧,急需开展新产品的选型推荐

研究表明,化学农药依然是京西稻产区的主要防治措施,生物农药、天敌、理化诱控技术有一定的应用面积,但是没有大面积覆盖。在常用施药设备方面,产区仍然以手动或电动背负式喷雾器为主,与本市规模化种植的蔬菜、大田基地以及国内水稻主产区相比严重落后,目前普遍的研究认为,背负式喷雾器与喷杆喷雾机等设备相比,作业效率和农药利用率较低,药液跑冒滴漏的问题较为严重。考虑到京西稻地处

北京市区,在农药和药械选用上,应该更加重视土壤和地下水资源的生态安全问题,因此,尽快开展化学农药替代技术和高效施药设备的引进、筛选、推荐等工作已经刻不容缓。

三、主要防治方式落实,社会化服务方式亟待创新

目前,京西稻产区还没有能够开展统防统治服务的组织,防治方式主要是"一家一户"使用背负式喷雾器防治,农药的选用和施药方法完全依靠种植户经验,容易出现农药错用乱用,施药不到位等问题。统防统治组织能够利用大中型设备为散户开展防治服务,并依靠专业的防治技术知识解决防治效果和农药使用等问题,因此,通过创新推广统防统治社会化服务,既能够提升京西稻产区的管理和运行水平,同时也符合海淀区科技创新中心的发展定位。

第五节　依托植保技术推进京西稻产业升级发展的建议

一、尽快制订京西稻产业生态发展规划,着力打造绿色防控技术全覆盖产业区

京西稻景观农业是北京保留的特色农业,不仅是历史的传承,也体现了北京都市农业发展的丰富内涵,对于拓展北京城市历史文化、丰富市民休闲活动、增加市民活动场所具有重要作用。同时,京西稻产区位于北京城市发展区域,在发展农业的时候,要注重产业的生态效益和区

域内的生态保护工作,建议各级部门高度重视,有必要尽快配套形成京西稻产业生态发展规划,明确工作措施和产业发展要求,积极争取各级财政经费支持,针对农药使用和防治问题,全力推进绿色防控技术,有计划地利用生物农药、天敌、理化诱控技术等非化学农药防治措施替代化学农药,通过一段时期的努力,打造形成绿色防控技术全覆盖产业区,使京西稻产区成为北京城市的生态涵养区。

二、加大力度扶持植保科技服务体系,深入调研解决植保需求关键问题

针对植保科技服务力量不足,技术创新性不够,产业发展对植保技术的特殊需求等问题,建议各级部门加大对水稻病虫害识别和防治技术的研究,保证试验示范经费,培养相关技术人员,同时稳定区级植保技术人员队伍,大力发掘具有丰富经验的全科农技员,建立市、区、村三级技术服务体系,有序开展病虫害监测、防治技术服务和新技术研究工作。

三、稳步推进社会化服务与绿控融合机制,高质量推进全市化学农药减量目标

京西稻产区面积小、作用大,产区连片种植的现状有利于大、中型植保设备开展作业服务,建议海淀区根据北京市级和各区在粮田、蔬菜田开展的社会化服务经验,开展社会化服务与绿色防控技术融合的工作探索,通过争取相关财政或政策支持,采用购买服务或扶持建立统防统治组织的形式,在产区全面推广绿色防控技术,逐步提高农药利用率和防治效果,同时从源头控制化学农药的投入种类和使用量,从而有效提升京西稻产区的生态环境质量和农产品质量安全水平。

参考文献

［1］苏桂武,方修琦.京津地区近50年来水稻播种面积变化及其对降水变化的响应研究［J］.地理科学,2000,20(3):212-217.

［2］全国农业技术推广服务中心.中国植保手册水稻病虫防治分册.1版.北京:中国农业出版社,2015.

［3］方红兵,鲍含芝.稻赤枯病的发生与防治［J］.现代农业科技,2004(8):26.

［4］徐亚杰,郭明丽,李英明,等.稻水象甲综合防治技术［J］.科技传播,2011(11):124,51.

［5］北京市植物保护站.植物医生实用手册［M］.北京:中国农业出版社,1999.

［6］贺士元,邢其华,尹祖棠,江先甫.北京植物志［M］.1版.北京:北京出版社,1984.

第六章 都市现代农业重大病虫害防控体系建设情况研究

——以北京延庆区为例

北京农业是典型的都市现代农业,具有生产、生态、生活、示范四大功能,"一二三"产相互融合,重大病虫害防控工作既要保障作物稳产,同时也要兼顾生态环境和农产品质量安全。目前,北京的"两田"作物有玉米、小麦、水稻、甘薯、景观作物以及各类蔬菜作物,主要病虫害包括玉米田的黏虫、玉米螟、大(小)斑病、褐斑病等;麦田的麦蚜、吸浆虫、白粉病、叶锈病等;稻田的纹枯病、稻水象甲等;甘薯田的茎线虫病、病毒病、根腐病等;各类景观作物田的蚜虫、棉铃虫、黑斑病、叶锈病、根腐病等;菜田的蚜虫、粉虱、蓟马、害螨以及各种病害。另外,在延庆、密云、怀柔及周边地区还有土蝗、稻蝗、负蝗、小车蝗等蝗虫。

延庆区是北京重要的农业种植区,也是蝗虫、草地螟等多种病虫害的重要发源地,该区域的重大病虫害防控工作对全市总体工作意义巨大。因此,2012年,北京市植物保护站、延庆区植物保护站针对延庆区农作物重大病虫害防控体系建设情况开展了研究,梳理了延庆区农作物重大病虫害防控体系的现状和特色,分析了存在的问题,提出了相关建议和对策,以期为全市农作物重大病虫害防控体系建设提供参考依据,并为全国其他地区开展相关工作提供借鉴。

第一节 重大病虫害防控体系发展现状

近年来,延庆区在"公共植保、绿色植保"的理念指导下,坚持"预防为主、综合防治"的植保方针,以健全植保队伍建设为先导,以加强监测预报能力为基础,以加大投入建设植保专防队为保障,以深化职能建立农民田间学校与植物诊所为辅助,依托市、区财政资金支持,大力提升农作物重大病虫害防控能力,稳步推进病虫害绿色防控技术的推广应用,形成了较为完善的区域农作物重大病虫害防控体系,病虫害监测预报及防控能力得到了显著提升。

一、打造了一支具有较高业务能力的植保队伍

延庆区植物保护站具体承担了延庆区农作物重大病虫害防控工作,近年来,延庆区植物保护站通过不断完善机构设置,加强人员队伍建设,加快人才引进与培养,形成了一支具有 30 余名技术人员,包括 5 名高级农艺师的植保队伍,为延庆区落实植保工作打下了坚实基础。

二、形成了较为完善的监测预报体系

病虫害监测预报是保证防控工作及时开展,取得较好防治效果的基础与核心。延庆区通过加强区域病虫害监测点的建设与管理,提升监测预报人员的业务能力,不断强化病虫害监测预报的规范化、标准化。在区级建立了病虫观察圃、养虫室、病虫害实验室,配备了相应仪器设备,并在康庄、永宁等镇建立了 13 个病虫害监测点,根据不同病虫

害的发生特点,建立了监测预报机制,实行 7～10 天一查,7 天一报,一周一会商分析,每年对监测预报人员开展 2 次以上培训,病虫害监测预报准确率达到了 90％以上,中、短期 95％以上,测报时效性达到 15 天以上,重大病虫害危害损失控制在 5％以内。依托完善的监测预报工作基础,2008 年延庆区植物保护站准确预报了草地螟大规模爆发。

三、探索建立了病虫害专业化统防统治组织

病虫害专业化统防统治组织具有组织有序、反应迅速、机动灵活、装备精良、技术先进的特点,是歼灭区域农作物重大病虫害、阻截重大疫情蔓延的中坚力量,同时可以大幅减轻农户劳动强度、提高病虫害防控效果、降低农药的使用量、缓解生态环境压力。截至 2012 年底,延庆区依托"北京市农业基础建设及综合开发—控制农药面源污染"项目资金,在康庄、延庆、大榆树等镇建立了 4 支植保专业化防治队伍,配备人员 60 人,持证上岗人员 6 人,装备了各类植保器械 85 台,其中大中型植保器 43 台,服务农田 1 万余亩,通过调查测算,专业化统防统治与农户自主防治相比,平均每亩减少 2～3 次用药,节省农药成本 9.5 元,减少用工 50％。近年来,延庆区植物保护站通过对植保专业化防治队开展技术培训、组织演练,不断提高植保专业化防治队的业务能力,目前,各植保专业化防治队能够较好地开展区域内的农作物重大病虫害防治工作。2011 年,绿菜园植保专业化防治队被评为全国农作物病虫害专业化统防统治示范组织。另外,延庆区植物保护站承担了蝗虫的国家级监测任务,为此,延庆区制定了防蝗应急预案,成立了一支由 30 人构成的应急防治队,常年储备机动喷雾器 30 台,高效、低毒、低残留药剂 5 吨,每年组织演练,保证队伍的业务能力,确保出现紧急蝗情时,立即进行防治,保证蝗虫"不起飞、不成灾"。

四、建立了多所农民田间学校与植物诊所

自 2005 年北京市第一所农民田间学校在延庆区开办以来,截至 2012 年,延庆区植物保护站共在康庄镇、沈家营镇、永宁镇、旧县镇等乡镇开办农民田间学校 57 所,培养农民辅导员 22 名,科技示范户 200 余名,农民学员 1 120 人,辐射全区所有蔬菜产区。通过农民田间学校的培训,学员对病虫害的识别、发生与防治措施有了深刻认识,为当地病虫害监测、新知识、新技术、新产品的推广和应用奠定了群众基础,同时,学员还发挥示范带动作用,极大地提升了当地农作物重大病虫害的防治水平,提高了防治效果,有效地推进了全区农作物重大病虫害防控工作。

2012 年,延庆区植物保护站在康庄镇小丰营村成立了北京市第一家植物诊所,同时在延庆镇、沈家营镇蔬菜产区各开设 1 家植物诊所,辐射康庄镇、沈家营镇、延庆镇 3 个镇的蔬菜生产基地 1 万亩。植物诊所由区植物保护站专业技术人员"坐诊",通过专业化的诊断服务为农户提供有针对性的防治"处方",从而提高农户对病虫害防治的针对性,使农户在开展病虫害防治时能够取得较好的防治效果,同时,在诊断过程中,专业技术人员可以收集并掌握当地农业生产上突发性及主要病虫的发生动态,为区域性监测预警与防控提供服务,据统计,通过开办植物诊所预计可挽回蔬菜产量损失 10% 以上。

五、重点推广一系列绿色防控技术措施

延庆区依托中央财政农资补贴项目、北京市低毒生物农药补贴示范推广项目等资金支持,实施了农药空瓶回收、以旧换新、发放补贴药械、释放赤眼蜂、推广绿色防控技术等工作,在开展农作物重大病虫害

绿色防控工作的过程中,改善了农田生态环境,凸显了北京农业的生态功能定位。

六、大力开展病虫害防控技术的宣传培训

近几年,延庆区植物保护站每年通过举办各类病虫害防治现场会、观摩会,利用广播、电视、网络等为农户、专业化服务组织提供病虫预报信息和防治技术指导,通过这一措施提高了信息的传递速度、扩大了信息的辐射范围、提升了农户应对病虫害的能力,使农户取得了较好的防治效果。

第二节　存在的问题

近几年,延庆区的农作物重大病虫害防控体系建设得到了长远发展,但是,研究也发现,延庆区在农作物重大病虫害防治体系建设过程中存在一些亟待解决的问题。

一、人才的引进和培养问题

延庆区经济基础较为薄弱,人才待遇水平偏低,支撑人才发展的科技项目资金有限,因此,近几年,虽然延庆区植物保护站引进了一些植保技术人才,但是人数偏少,一些实验设备依然缺乏稳定运行资金和操作人员,长期来看,人才短缺问题制约了新型测报技术的引进应用,同时也造成一些深入的防治技术研究无法稳定开展。

二、监测预报技术急需提高

延庆区地形复杂、面积较大,是北京重要的农业种植区,也是蝗虫、草地螟等多种病虫害的重要发源地,做好延庆区的病虫害防控工作对于全市意义重大。目前,延庆区的病虫害监测预报力量还不能满足全区需求,现有监测人员平均年龄偏大、中青年业务骨干缺乏、监测手段较为传统、监测布点数量依然不足,急需在测报工具、测报技术、测报方法上引进创新,从而降低一线技术人员工作强度,提高区级监测预报效率。

三、病虫害专业化统防统治组织的建设和管理措施急需完善

病虫害专业化统防统治是贯彻植保方针,延伸植保和农药管理工作的重要帮手,同时作为一种新型服务形式,防治队伍的管理办法、运行机制需要长期的探索完善,本次研究中发现以下 5 个制约统防统治的问题亟待解决:(1)部分农户对统防统治服务效果依然抱有怀疑态度,直接导致防治队伍不能成片作业,既降低了防治队伍的作业效率,同时增加了未作业区域病虫的扩散概率,容易导致作业区病虫复发,影响防治效果,给防治队伍在当地的生存和发展增加了难度;(2)延庆区位于北京郊区,劳动力工资待遇低,而防治队伍队员不仅工作辛苦,还需要经常接触农药,导致防治队伍招聘队员较为困难,同时由于人员问题也制约了一些新技术和设备的使用;(3)队员长期接触农药,存在影响身体健康的潜在风险,需要开展相应的安全防护知识培训;(4)农村地区存在一些采用互助形式,收取少量费用为农户开展服务的组织,这类防治队伍配备的设备小、数量少、技术水平不高,但是由于"土生土长",容易被农户接受,通过规范引导,可以补充专业化防治队伍力量的欠缺,配套政策有待出台;(5)防治服务的责任划定和纠

纷解决渠道是防治队伍和农户关注的重点问题,相应措施有待进一步探索完善。

四、农民田间学校和植物诊所的运行模式需要进一步探索

随着农民田间学校和植物诊所建设数量的增加,区级植物保护站的工作压力明显加大,在持续运营过程中,如何吸引更多的农业科研院所专家参与这种公益事业需要思考,同时,如何让更多农户接受这种服务模式,做好服务指导工作也要进一步探索,另外,现有植物诊所数量偏少,工作场所相对固定,每周出诊次数有限,还不能在田间地头解决农户的病虫害防治技术问题。

五、绿色防控技术的长效补贴机制有待建立

北京地区的物化补贴主要是依靠各类项目资金,根据项目的任务范围和实施区域开展相关工作,由于各类试验示范项目无法跨年连续实施,导致主推技术随项目任务频繁调整,一些需要长期连续使用的绿色防控技术不能在短期内取得预期效果,农户也不容易在项目执行期内掌握和接受新技术、新产品,甚至还会因为初次使用效果不理想,增加以后推广这类技术的难度。

六、宣传培训形式需要进一步丰富

目前,宣传培训的形式主要还是现场会、观摩会、广播、电视、网络等,由于现场会的参会人数有限,农户订阅报纸的比例较低,本地电视台的植保报道时限短,用户网络安装率不高等各类因素制约,仍然有数量众多的农户无法及时获取预报和防控信息。

第三节　发展对策与建议

一、稳步推进,制定长期发展规划

在北京都市农业建设过程中,农作物重大病虫害防控工作事关农业稳定生产、农田生态环境建设、农产品质量安全等社会各界关注的热点问题,建议统筹谋划,及时制定长期发展规划,明确发展目标和工作重点,强化对行业的财政政策支持,加大对基层植保部门的科技项目倾斜力度,稳步提升技术人才队伍的业务能力,确保在市、区两级建立强有力的农作物重大病虫害防控工作队伍。

二、强化支撑,引进创新监测技术

针对各区普遍存在的监测队伍人员年龄偏大,一线技术人员"身兼数职"等现象,要加强新型监测设备、技术的引进和应用,提升监测效率,尤其要加强对保护地蔬菜田的监测和防治技术指导工作。

三、积极引导,完善防治队伍建设模式

针对病虫害专业化统防统治组织在建设和管理过程中存在的问题,建议相关部门积极引导,用足政策扶持手段,培养新型防治形式,同时植保专业化防治队伍也要加强创新,探索可以长期发展的运营模式,有以下几点建议:(1)要加大植保专业化统防统治的技术指导和宣传推介,同时也要推进监督措施出台,保证防治过程中方法得当、效果到位,鼓励防治队伍通过提供较好的防治体验,让更多农户认可统防统治服务;(2)加大设备选型和推介,简化设备操作方法,同时,增加农药、药械和病虫草害防治相关知识的培训次数,提高队员业务能力;(3)探索最

大限度地保护队员人身安全的防护设备和方法,积极鼓励建立保障队员权益的保险机制;(4)加强对优秀小型防治队伍的引导与扶持,统筹建立各类防治队伍的统一服务平台,形成以植保专业化防治队为主体,以小型互助组织为辅助的多层次统防统治形式,有针对性地满足不同种植户的防治需求;(5)积极推进服务标准、防治指标的制定工作,为防治服务的责任划定和纠纷解决提供参考依据。

四、加强合作,完善农民田间学校和植物诊所的运营机制

建议进一步完善顶层设计,出台配套政策,探索通过物质奖励、名誉鼓励、教学体验等方式,吸引更多的专家、学者、学生到一线农民田间学校和植物诊所授课和从事公益服务。另外,相关部门也要加大对农民田间学校和植物诊所的宣传、技术支持和人才倾斜力度,逐步建立热线机制,配备流动诊所,加大出诊频率,方便农户及时就诊,形成可借鉴复制的管理及运行模式。

五、积极推进,探索长效补贴机制

北京农田面积小,财政补贴资金压力不大,通过长效补贴机制,可以提高财政资金使用效率,提升各类绿色防控技术的推广应用比例,改善生态环境,形成显著的社会和生态效益,建议进一步研究探索,尽快出台植保方面的长效补贴机制。

六、大力创新,丰富宣传培训方法

建议统筹建立全市的农业信息推广服务平台,加强市、区各部门间联动,扩大平台在农户中的使用比例,利用平台发布防控信息,推广新型防治技术,做好农户的服务工作。

第七章　北京市农作物重大病虫害应急处置情况研究

——以 2012 年三代黏虫应急防控工作为例

第一节　研究背景

一、黏虫简介

黏虫属鳞翅目夜蛾科害虫,在全国各地均有分布。寄主包括麦、稻、粟、玉米等禾谷类粮食作物,以及棉花、豆类、蔬菜等 16 科 104 种以上植物。幼虫食叶,大发生时可将作物叶片全部食光,造成严重损失。黏虫具有群聚性、迁飞性、杂食性、暴食性,是全国性重要农业害虫。

二、研究内容

2012 年 8 月 14 日,全国黏虫发生面积近 5 000 万亩,危害程度是近 10 年最重的一年。受东北、华北三代黏虫暴发的影响,北京三代黏虫大发生,灾害发生严重。在市委市政府的高度重视和各级农业部门的共同努力下,三代黏虫得到有效控制,并取得较好的防治效果。

2012 年三代黏虫应急处理工作过程中积累的相关经验,为北京今后应对突发农作物重大病虫害,进一步完善农作物重大病虫害应急防控体系提供了参考与借鉴。

　　本研究回顾了 2012 年北京处置三代黏虫的工作情况,并根据 2014 年对全市植保机构应急防控能力的调研结果,分析了北京农作物重大病虫害应急防控体系存在的问题,提出了意见和建议。

第二节　北京市 2012 年三代黏虫
发生及应急处置情况

一、三代黏虫发生及危害情况

　　2012 年,北京进入夏季以后,温度适宜,降水偏多,日照明显偏少,气象条件有利于黏虫的发生,致使二代黏虫局部偏重发生,三代黏虫大面积发生,局部发生较重。三代黏虫发生面积之大、范围之广、密度之高为北京 1997 年以来罕见,对玉米等粮食作物生产安全造成了严重威胁。

(一)发生面积大

　　三代黏虫是一种迁飞性、暴发性重大的害虫,常年只是在个别地块发生为害,发生面积十分有限。2012 年,三代黏虫在全市大面积发生,9 个远郊区县均有不同程度的发生,主要集中在夏玉米及晚播春玉米上为害。全市三代黏虫玉米发生面积 61 万亩,达到防治指标(百株虫量≥30 头)面积 39 万亩,分别占夏玉米播种面积的 60% 和 40%,严重发生面积 1.13 万亩(平均百株虫量 300 头以上),其中,3 000 亩玉米不同程度减产,绝收 300 亩。另外,谷子、大豆等其他作物三代黏虫发生面积 5.6 万亩。

（二）黏虫密度高

黏虫为跨区域迁飞性重大害虫，2012 年黏虫成虫迁入量明显高于常年同期值。据监测点测报灯诱集，截至 6 月 12 日平均累计诱蛾量 208 头，最高累计诱蛾量 423 头，单灯单日最高诱蛾量 69 头，累计诱蛾量和单灯单日诱蛾量均比 2008 年以来同期值高；7 月 1 日至 8 月 21 日，平均累计诱蛾量为 123 头，最高累计诱蛾量 320 头，单灯单日最高诱蛾量 119 头，累计诱蛾量是常年同期诱蛾量的两倍，且雌雄比为 2∶1，明显比常年值高。田间幼虫密度高，一般发生地块平均百株虫量为 30～250 头，重发生地块平均百株虫量为 300～1 000 头，最高密度百株虫量达 3 500 头以上。大兴、通州、平谷、昌平等区发生较重，大兴、通州、平谷、房山、顺义等东部、南部区，发生为害高峰期为 8 月 6—15 日。昌平、怀柔、密云等北部区发生为害高峰期为 8 月 13—21 日。

（三）灾情发生重

由于三代黏虫为害具有暴发性和隐蔽性的特点，地区之间、地块之间差异非常明显，给病虫监测工作带来很大难度，致使 3 龄以前幼虫很难被发现，而发现时往往已经是 4～5 龄幼虫，错过了最佳防治时期。8 月 6 日，大兴区最早发现三代黏虫为害，随后各地陆续发现，而且幼虫龄期较大，大部分地块幼虫已达 4～5 龄期，开始进入暴食期，幼虫昼夜不停地啃食玉米叶片，造成黏虫发生迅速，灾情十分严重。据调查，发生三代黏虫的一般地块被害株率为 20％～35％，重发生地块被害株率达 100％，其中，局部危害较重，中下部叶片被吃的只剩叶脉。

二、三代黏虫应急防控情况

针对黏虫为害特点及全市发生的实际情况，市、区高度重视、迅速反应,及时组织各区县开展防治工作,确保了三代黏虫得到有效防治。

(一)预报及应急防控情况

根据农业部病虫监测预报,北京从 6 月份开始,利用全市病虫监测网对黏虫进行系统监测;7 月下旬发布了黏虫严重发生预报,明确了黏虫发生的分布区域、田间幼虫密度和重点防治田块,并及时发布虫情信息,指导区县开展防治工作。

8 月 6 日,市农业局召开了全市秋粮作物重大病虫防控工作会议,对黏虫防治工作做出了重点部署,要求各部门、各区县采取有效措施,抓紧组织开展黏虫防控。

8 月 6 日,市植保站赴大兴区礼贤镇平头村实地调查三代黏虫危害情况,并提出具体的防治建议。

8 月 7 日上午,大兴区 8 个粮食主产镇的农业技术推广站站长和礼贤镇 50 余个村的负责人到礼贤镇平地村参加"三代黏虫发生与防治现场会",技术人员讲解了黏虫的危害、发生与防治技术,现场解答了农民防治三代黏虫的问题,区植保站和礼贤镇两级领导强调了三代黏虫防治中农药安全使用和该项工作防控的重要意义,参会人员 60 余人,会上发放"三代黏虫发生与防治明白纸"2 000 余份。

8 月 7 日,平谷区植保站在马昌营镇南定福村夏玉米地组织召开"三代黏虫防治现场会",市植保站以及 11 个乡镇农办及玉米种植大户约 50 人参加,会上,平谷区植保站部署了三代黏虫防控工作,并强调防控工作要及时有效,同时要特别注意用药安全和人身安全,谨防中毒中暑事件发生;市植保站介绍了三代黏虫习性、危害特点及全市三代黏虫发生情况,提出要加强日常监测,及时启动应急防治体系,加强宣传培训,保障人身安全,会上发放防治简报 40 余份。

8 月 14 日,市农业局领导带队,会同有关专家、技术人员赴通州检查指导黏虫防治工作,要求全力打好黏虫防治歼灭战,确保不造成大的危害。

到 8 月 21 日,对达到防治指标的地块普遍进行了一次防治,严重发生的地块进行了两次以上防治,其中大兴区对全区夏玉米进行了普遍防治,三代黏虫发生得到有效的控制。

据统计,全市三代黏虫累计防治面积 55.8 万亩次,分别占发生面积和达到防治指标面积的 91.4% 和 143.1%,平均防治效果达 94.5%。

(二)防治成效

通过采取提前预测预报、紧急部署、快速防控等多项有效措施,黏虫的发生迅速得到了控制,并取得较好的防治效果,没有成片危害,只有个别地块造成危害损失,对全市秋粮生产没有产生大的影响。据农业专家和植保专家初步测算,此次黏虫防治可挽回玉米产量损失约 2 750 万千克。农业部余欣荣副部长对北京的黏虫防控工作做了批示:"北京对今年病虫害防控工作,主动部署,及时扑杀,落实有力,成效明显,向同志们表示感谢!"

三、采取的措施

(一)高度重视,及时部署

8 月 6 日,市农业局召开全市秋粮作物重大病虫防控工作会议,对黏虫防治工作做出了重点部署,要求各部门、各区县采取有效措施,抓紧组织开展黏虫防控。市委市政府对此项工作高度重视,8 月 10 日、16 日,北京市两位副市长分别对防治工作以及资金保障做出重要批示。8月14日、15日,市农业局领导带队,会同有关专家、技术人员分别赴通州、大兴现场指导防控工作,并提出具体要求。8月21日,市农业局召开了有关郊区县秋粮病虫防控紧急工作会,对农业部黄淮海地区秋季农作物病虫防控现场会精神进行了学习传达,分析了北京秋粮病虫防控形势,并对当前和下一阶段病虫防控工作进行了再动员、再部署。

(二)加强监测,提前预报

按照黏虫调查规范的要求,市、区植保站认真开展监测工作,根据灯下诱蛾量及田间幼虫密度,及时发布虫情信息,指导黏虫防治工作。市植保站于7月24日,在强降雨灾害农作物病虫害防治工作意见中明确提出,"由于二代黏虫残虫量较高,降雨有利于田间杂草发生,预计三代黏虫在平原春玉米区有暴发的趋势",7月27日,以市植保站文件的形式下发到各区植保站;8月7日,发布植保信息"三代黏虫大发生,立即组织查治";8月17日,再次发布植保信息"坚持不懈继续做好三代黏虫防治工作。

(三)迅速行动,展开防控

一是加大防治投入。市农业局积极筹措资金350万元,紧急下拨市级重大病虫害应急防治农药110吨,投入植保器械3万多台套、人力5万多人次,各区也及时投入资金和物资开展防治工作。二是强化工作督导。制定下发了《关于开展三代黏虫防控督导服务工作的紧急通知》,成立三个督导组,分赴黏虫重点发生区开展防控督导服务工作。三是加强技术服务。组织植保专家、技术人员深入一线指导黏虫防治工作100余次,举办培训班20次,培训2 000多人次,发放明白纸2万余份,编发简报15期。四是加大宣传力度。市区两级农业部门充分利用各种媒体宣传 35 次以上,全面动员农民开展专业化防治与群防群治相结合,提高防治效果。

第三节 应急防控能力建设情况

在 2012 年三代黏虫应急处置工作的基础上,为摸清全市植保机构的应急处置能力,及时完善应急处理风险点,2014 年北京对各区植保机构的应急防控能力建设情况做了调查。

一、各区植保机构的人员情况

据 2014 年统计,我市 13 个区的植保机构实有人员 328 人,其中 175 人为专业技术人员,占实有人数的 53.35%,在专业技术人员中,具有初级职称的人员为 64 人,具有中级职称的人员为 71 人,具有高级职称的人员为 28 人,高级职称人员仅占实有人数的 8.54%(图 7-1)。

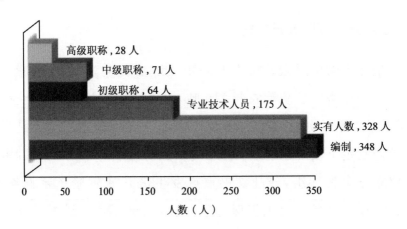

图 7-1 2014 年各区植保机构的人员情况

从实有人员在全市的分布情况来看,13 个区中,以密云、通州、顺义、大兴的实有人员数量最多,海淀、门头沟的实有人员均不足 10 人。其中,专业技术人员主要分布在密云、顺义、平谷、延庆、大兴、通州、昌平 7 个区,而房山、朝阳、丰台、门头沟、怀柔、海淀 6 个区的专业技术人员相对较少。高级职称人员以顺义区最多,其次为朝阳、昌平、大兴、海淀、密云、延庆 6 个区,房山、丰台、平谷、通州、门头沟 5 个区均只有 1人,怀柔没有高级职称人员。

二、应急处理能力

(一)植保装备情况

2014 年,全市 13 个区共有植保专用车辆 9 辆,主要分布在昌平、大兴、密云、通州、延庆 5 个区县,有 8 个区县没有植保专用车辆。

在植保器具方面,全市共有植保器具 22 469 台(套),其中大型设备 162 台(套)、中型设备 334 台(套)、小型设备 21 973 台(套)(图 7-2)。

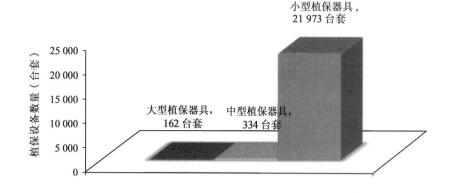

图 7-2　2014 年全市植保器具构成情况

(二)技术支持情况

在 13 个区的植保机构中,12 个区建设有实验室,配备有专业人员,其中以大兴、昌平的实验室专业技术人员较多。各区植保机构实验室配备的仪器设备,主要以简单、常用的各类显微镜、离心机、菌物培养设备为主,可以通过显微镜开展病虫害的室内鉴定。

(三)疫情处置的社会力量

据 2014 年统计,全市 13 个涉及植物疫情处置的区中,有 8 个区建设有植保专业化统防统治服务组织,有 5 个区未建立。全市专业化统防统治防治服务组织共有 43 支,从业人员 413 人,拥有各类植保器具 3 818 台套,其中大型设备 196 台套、中型设备 213 台套、小型设备 3 409 台套,日作业能力达 44 050 亩,2012—2014 年,累计服务面积 192.21 万亩。从植保专业化统防统治服务组织在全市的分布情况来看,以顺义、通州、昌平、平谷、房山最多,均在 5 支以上。而大型植保器具主要分布在通州、房山、大兴。

第四节　存在的问题

一、农作物重大病虫应急防控体系还不完善

一是人员队伍不稳定、区域发展不平衡。近几年,受各区财政实力以及农业发展水平等因素影响,各区植保机构的人员队伍结构、财政扶持力度等都存在较大的差异,部分区植保机构存在新录入人员少、员工年龄偏大、专业技术人员少等一系列问题,导致全市植保机构发展水平极不平衡,已经影响到了农作物重大病虫应急防控体系的有效运行;二是病虫监测与防控能力亟待提升。研究发现,各区植保机构普遍存在专业技术人员少、高职称技术人员不足、专用车辆少、技术力量有限等问题。另外,北京农业种植业面积虽然不大,但是作物种类多、分布范

围广,现有人力、物力在应急处置农作物重大病虫害方面能力有限,亟待通过技术创新、设备改进等一系列措施,尽快提升全市病虫监测与防控能力。

二、应急防控物资储备机制急需建立

部分区针对可能发生的植物疫情储备了一定数量的农药、药械物资,但是,受管理水平、场地面积、保障资金等因素影响,各区物资储备情况差别较大,有必要在市级统筹考虑,建立防控物资储备机制,确保全市重大病虫害应急处理工作的物资需求。

三、社会化服务急需壮大

北京建立了一定数量的植保专业化统防统治服务组织,2012—2014 年,累计服务面积 192.21 万亩,但是,各区植保专业化统防统治服务组织的数量、作业能力差异较大,而且部分区还没有建立植保专业化统防统治服务组织,这些问题可能成为北京重大病虫害应急处理工作的风险点。另外,近几年,北京农业结构调整力度很大,种植业的基本情况发生了较大变化,现有植保专业化统防统治服务组织在植保装备、运营模式、管理方法等方面都需要进一步探索调整,以适应都市现代农业的发展需求。

第五节　建议与措施

一、加大力度推进应急防控体系建设

针对北京农作物重大病虫应急防控体系还不完善的问题,建议全市统筹考虑体系发展涉及的各项工作。在市级进一步明确农作物重大病虫应急防控体系发展规划,通过政策措施充分保障一线应急防控队伍的人员稳定,通过培训、聘请专家等形式,尽快提升队伍人员素质。另外,建议根据北京现状情况,加快引进、应用一批先进监测设备,逐步减少用人、用车成本,从而提高全市农作物重大病虫应急防控体系的运行效率。

二、进一步完善防控物资储备机制

建议整合社会资源,充分调动在京农药、药械生产、销售企业的积极性,依靠财政资金和政策引导,支持社会资本参与防控物资储备工作,从而进一步完善北京防控物资储备机制。另外,也要根据各区现有物资储备情况,逐渐建立和完善一批应急防控物资储备专库,明确专人负责制度,保证物资储备库的良性运转。

三、大力发展社会化植保统防统治服务

建议加大力度在全市推进植保专业化统防统治服务组织的建立工作,依托植保专业化统防统治服务组织的防控力量,提高全市应对农作物重大病虫害的应急防控能力。另外,在植保设备方面,需要尽快筛选引进一批适于农业发展新形势的植保设备,供植保专业化统防统治服务组织参考使用;在管理制度方面,可以通过政策引导,帮助植保专业化统防统治服务组织逐步探索建立高效的服务组织运营模式和管理机制。

第八章 北京市玉米主要害虫绿色防控关键技术研发与集成推广情况

第一节 研 究 背 景

玉米是我国主要的粮食作物,也是北京种植面积最大的农作物,常年种植面积保持在 180 万亩以上。近年来,北京黏虫、玉米螟、桃柱螟等主要害虫发生严重,2012 年三代黏虫大发生,总发生面积达 61 万亩,达到防治指标(百株虫量≥30 头)面积 39 万亩,分别占到夏玉米播种面积的 60% 和 40%;玉米螟在北京地区每年均有发生,发生面积在 300 万亩次左右,造成损失最多年份可达 6 000 吨;桃柱螟于 2009—2011 年间,在北京密云、怀柔、顺义和平谷等地发生危害,受害田块玉米一般减产 20% 左右,重者可达 30% 以上。

以往,北京农民防治玉米虫害主要依赖于化学农药,生物防治措施仅占 8.65%,由于部分农民在防治害虫过程中滥用和不当使用化学农药,对首都农产品质量安全和生态环境安全形成了潜在威胁。

近几年,随着社会各界对农业面源污染、农业生态价值越来越重视,北京加大力度推进玉米全程绿色防控技术的大面积推广应用,然而在 2012 年以前,绿色防控技术体系存在以下问题亟待解决:

一是赤眼蜂生产规模小。北京从 20 世纪 90 年代就开展了赤眼蜂利用以及繁育技术研究,但是由于无法突破产业化生产、包装、运输等技术难题,在 2009 年以前,赤眼蜂生产主要以人工为主,产量极为有限,每年推广面积仅有 20 余万亩,只占全市玉米种植面积的 10%,远不能满足全市防治需求。

二是绿色防控技术集成度不高。以往,北京地区在防治玉米虫害时,只有部分农民使用了赤眼蜂、生物农药等绿色防控措施,不仅防治措施较少,同时也缺乏系统的集成应用,不能实现对玉米生长各阶段虫害的综合控制。另外,农民在单独使用个别绿色防控技术时,防治效果有限,导致部分农民对绿色防控技术认可度不高。

三是绿色防控技术到位率不足。近年来,北京针对绿色防控技术进行了大量的示范和推广,但是,绿色防控技术的到位率、准确率依然较低,农民错用、乱用绿控技术的现象时有发生,这主要是由于绿色防控技术的推广模式缺乏创新,无法适应新技术的推广需要,尤其是缺乏与专业化统防统治相融合的绿色防控技术推广模式。

针对上述问题,结合北京都市现代农业发展对农业生态、节水工作的要求,2012—2013 年,北京市植物保护站和各区植保(植检)站在"北京都市型现代农业基础建设及综合开发规划——控制农药面源污染"等项目的支持下,针对玉米生长各阶段主要害虫,以构建生态、全程、高效的综合绿色防控技术模式并实现大面积推广应用为目标,通过整合在京科技资源,优化原有技术,创新攻关技术难题,经历几年的试验、示范,最终形成了"一封两杀+赤眼蜂+理化诱控+立体应急防治"的全程绿色防控技术体系,并在赤眼蜂产业化生产、全程绿色防控技术的综合集成、推广模式的创新以及推广应用等方面取得了突破性进展,多项技术及推广效果处于领先地位。

第二节　关键技术研究进展

一、松毛虫赤眼蜂的产业化生产研究

针对赤眼蜂在生产、包装、运输中存在的多项技术难题进行攻关，北京实现了松毛虫赤眼蜂的产业化生产，并获得了农药登记证，从而为北京及周边省市大规模推广应用赤眼蜂奠定了基础。

（一）研发赤眼蜂的自动化生产关键设备

针对赤眼蜂生产过程中的关键环节，北京设计了自动化生产设备，大量代替了人工操作，生产效率提高了 50 倍，并取得了 8 项国家实用新型专利，多项技术处于国内、国际领先地位。

1. 柞蚕羽化床设备

针对手工穿茧费人工、效率低、占用空间大等问题，设计了柞蚕羽化床，该设备弹片悬挂及成组悬挂的羽化率分别为 95.3％、95.0％，接近手工穿茧羽化率。

2. 蚕蛾剖腹取卵设备

赤眼蜂工厂化大规模生产中，获得大批量的中间寄主卵是繁育优质优量赤眼蜂的关键技术环节之一，通过设计出蚕蛾剖腹取卵设备，替代了人工操作。

3. 不成熟蚕卵清除设备

有效的清除柞蚕卵中的不成熟卵是繁育优质赤眼蜂的关键技术环节之一，针对人工挤压法工作量大、效率低、效果有限、工作人员易受机械损伤等缺点，设计出了不成熟蚕卵清除机。

4. 洗卵设备

有效地将寄主卵清洗晾干是接蜂前的关键技术环节之一,针对人工搓洗工作量大、效率低、清水消耗量大、工作人员易受污染等缺点,设计出了洗卵机。

5. 风干设备

将清洗干净的寄主卵风干是接蜂前的关键技术环节之一,针对平铺阴干法效率低、时间长、场地面积大的缺点,设计了风干机,风速及回流风量实现了手动调节。

6. 寄主消毒设备

原有的活体和繁育器具消毒多采用消毒剂消毒,该方法消耗大,效率低,对工人污染大,效果有限,针对这些缺点,本项目设计了寄主消毒机,实现了自动消毒、定时消毒,通过该设备消毒的繁育用蛹寄生率达95.3%、病卵率仅为0.1%。

(二)实现赤眼蜂的产业化生产

2012—2013 年,北京组装了 1 条赤眼蜂自动化繁育生产线包括离心机、挤卵机、洗卵机、卵精选机等设备 12 种、3 000 多台套,年生产赤眼蜂达 300 亿头。同时,根据松毛虫赤眼蜂在推广应用过程中的储存、包装和运输要求,研发并设计了恒温恒湿系统设备、包装材料打孔设备、活体商品包装设备,实现了大批量商品化储存、包装及运输,获得了2 项国家实用新型专利。

(三)松毛虫赤眼蜂获得农药登记

通过在全国四省市赤眼蜂试验、生物农药登记申请、专家论证研讨,2012 年,松毛虫赤眼蜂获得了农业部农药临时登记证,为大面积推广应用奠定了基础。

二、优化、集成了玉米主要害虫全程绿色防控技术体系

北京针对"一封两杀"技术、赤眼蜂释放技术、理化诱控技术和立体应急防治技术四项技术进行了创新、优化和集成,探索形成了具有"一施多防"特点,适合于开展统防统治的全程绿色防控技术体系,形成了"一封两杀"技术防治二点委夜蛾、黏虫等苗期害虫,赤眼蜂释放技术防治玉米中后期玉米螟、桃蛀螟等钻蛀性害虫,理化诱控技术防治成虫期鳞翅目、鞘翅目害虫,立体应急防治技术防治黏虫等重大、突发性害虫的全程系统性防控体系。

(一)优化"一封两杀"技术

"一封两杀"技术具有一次施药实现土壤封闭、杀明草、杀苗期害虫的作用,长期以来,北京存在"一封两杀"药剂使用混乱,极易产生药害或起不到防治效果等问题。为了优化"一封两杀"技术,规范药剂组合,2012—2013 年,北京在以下几点进行了技术研究与创新。

1. 确定了最佳的封闭除草剂配方

开展了夏玉米封闭除草药剂筛选试验,明确了 40%乙·莠悬浮剂300 毫升/亩和 40%异丙草·莠200 毫升/亩除草效果较好,2 种除草剂药后 60 天的鲜重防效分别可达 99.1%和 98.5%。

2. 评价了 2 种杀明草除草剂的防治效果

综合比较了 41%草甘膦水剂 150 毫升/亩和 20%百草枯水剂 150毫升/亩的除草效果,调查表明,2 种除草剂的防效均可达到 98.2%以上,百草枯速效性强,但是存在对打碗花等宿根性杂草防除持效性差等问题,而草甘膦属于内吸性除草剂,持效性较好,并且在土壤中降解快,对环境的污染远远小于百草枯,因此,建议"一封两杀"的杀明草除草剂选用草甘膦。

3. 确定了北京地区黏虫对 5 种杀虫剂的敏感性

开展了北京地区 6 个田间黏虫种群对 5 种杀虫剂的室内敏感性和毒力检测,检测发现,北京地区的黏虫防治应注重氯虫苯甲酰胺、甲氨基阿维菌素苯甲酸盐、毒死蜱与虫螨腈、氯氟氰菊酯交替、轮换使用,以延缓抗药性的产生,此研究也为"一封两杀"药剂中杀虫剂的交替使用奠定了基础。

4. 筛选出"一封两杀"技术的最佳药剂组合

通过综合比较多组"一封两杀"药剂组合对杂草的株防效、鲜重防效以及苗期害虫的防治效果,最终确定封闭除草剂可选用 40% 乙·莠悬浮剂 300 毫升/亩或 40% 异丙草·莠 200 毫升/亩;杀名草除草剂可选用 41% 草甘膦 150 毫升/亩代替百草枯;杀虫剂可选用 4.5% 高效氯氰菊酯 50 毫升/亩或与 77.5% 敌敌畏 50 毫升/亩混配后添加,上述药剂每亩对水 30 千克均匀喷施,药后 60 天,各处理杂草株防效可达 91% 以上,鲜重防效可达 97% 以上,药后 2 天黏虫防效可达 95%～99%。

(二)优化、创新赤眼蜂防治玉米螟、桃蛀螟技术

赤眼蜂通常被用于防治玉米螟,本技术不仅加强了赤眼蜂防治玉米螟的技术研究,同时还探索出赤眼蜂综合防治玉米螟＋桃柱螟技术,形成了对玉米主要钻蛀性害虫的有效控制。

1. 建立了赤眼蜂种类识别技术

利用赤眼蜂线粒体 DNA *coi* 基因 680 bp 碱基序列,建立了赤眼蜂种类识别的 DNA 条形码技术,检测表明,密云杨扇舟蛾-2013、密云杨扇舟蛾-2012、密云玉米螟-2013 均为松毛虫赤眼蜂,该研究为北京松毛虫赤眼蜂的繁育生产奠定了基础。

2. 揭示了北京地区桃蛀螟的生物学规律

研究表明,桃蛀螟在北京地区于 5 月 6 日始见蛾,10 月 8 日后绝

迹,全年蛾量超过 20 头以上的成虫高峰共有 5 次,依次是 8 月 8 日、8 月 17 日、8 月 23 日至 8 月 31 日之间、9 月 6 日至 9 月 11 日左右、9 月 21 日前后,赤眼蜂的最佳放蜂时间是 7 月中下旬至 8 月上旬。

3.评估了 3 种赤眼蜂对玉米螟、桃蛀螟的防治效果

以北京地区田间常用的松毛虫赤眼蜂、玉米螟赤眼蜂、螟黄赤眼蜂等 3 种赤眼蜂为研究对象,评估不同种类赤眼蜂对玉米螟的寄生能力和控制效果,结果表明,松毛虫赤眼蜂对玉米螟卵的寄生效果优于玉米螟赤眼蜂和螟黄赤眼蜂,田间玉米螟的百株虫口减退率可达 97.8%。

在赤眼蜂防治桃柱螟方面,释放松毛虫赤眼蜂或螟黄赤眼蜂 3～5 次,每亩每次放蜂 2 万～3 万头均可达到理想的防治效果。

4.形成了赤眼蜂综合防治玉米螟＋桃柱螟技术规范

基于玉米螟、桃柱螟的发生规律研究,探索形成了赤眼蜂综合防治玉米螟＋桃柱螟技术规范:

防治以玉米螟为主的农田,可于玉米螟产卵初盛期 7 月中旬至 8 月上旬,通过挂放赤眼蜂杀虫卵袋释放松毛虫赤眼蜂 1～3 次,每亩每次施放 1 万～2 万头;

防治以桃柱螟为主的农田,可于桃柱螟产卵初期 7 月中下旬至 8 月上旬,挂放松毛虫赤眼蜂或螟黄赤眼蜂 3～5 次,每亩每次放蜂 2 万～3 万头;

防治玉米螟和桃柱螟混合发生的农田,可于 7 月中旬至 8 月上旬,挂放松毛虫赤眼蜂 3～5 次,每亩每次放蜂 2 万～3 万头。

(二)探索"性诱芯＋太阳能杀虫灯"理化诱控技术

理化诱控技术具有省工、无污染的特点,可以大量杀灭鳞翅目、鞘翅目害虫的成虫,有效压低后续田间害虫群体数量,针对该技术,本项目开展了以下研究:

1.筛选出北京地区最适宜性诱芯

在玉米田开展了 3 个品牌的性诱芯诱杀桃柱螟试验,防效表明,宁波纽康性诱芯诱杀桃柱螟效果最为理想。

2.“性诱芯＋太阳能杀虫灯”诱杀多种害虫技术研究

性诱芯、太阳能杀虫灯的诱虫效果比较表明,宁波纽康性诱芯、太阳能杀虫灯诱集效果差异不显著,均可达到理想防治效果。通过在玉米主产区开展“性诱芯＋太阳能杀虫灯”的防控示范,结果表明,该技术在防治玉米主要害虫方面效果明显,在示范区安装的 515 台太阳能杀虫灯每年可诱杀黏虫、玉米螟、桃蛀螟、棉铃虫成虫 60.15 万头、3 669 千克。

3.探索重大虫害的立体应急防治技术

近年来,北京黏虫等迁飞性、突发性重大害虫发生严重,人工防治已无法满足应急防治需要,根据这一现状,本项目通过引进、试验、推广新型植保设备,陆续开展了多悬翼、单悬翼植保无人施药机、自走式高秆作物喷雾机、风送式高效远程喷雾机等多款新型植保设备的筛选试验,并对这些设备进行了作业方式及施药效果研究,最终探索形成了“无人施药机空中防治＋高杆喷雾机大面积田间防治＋远程喷雾机地头远程防治”的立体应急防治技术。

三、构建了绿色防控技术与专业化统防统治融合的推广模式

在“北京都市型现代农业基础建设及综合开发规划-控制农药面源污染”等项目支持下,北京针对推广模式进行了探索和创新,构建了绿色防控技术与专业化统防统治融合的推广模式,依托专业化统防统治组织,结合物资补贴机制,通过示范区辐射带动,开展宣传培训等措施,大面积推广了玉米主要害虫全程绿色防控技术。

(一)规范统防统治组织建设

以"专防队＋技术员＋专业设备"的组织形式,打造了50支专业化统防统治组织,培训100名学员获得了国家劳动部颁发的《植保工职业资格证书》,装备了各类专业防治设备1 955台套,日作业能力21万亩,2013年专业化统防统治面积达到了480万亩次,促进了绿色防控技术在全市的推广效率,确保了各项技术措施的到位率和准确率。

(二)物资补贴推动技术推广

依托项目资金支持,2012年、2013年两年共计补贴、发放赤眼蜂146.39亿头、低毒农药169吨、各类植保器械838台套,不仅有效提升了绿色防控技术在全市的覆盖率,还起到了保障防治物资产品质量可靠的作用。

(三)绿控示范区建设

截至2015年,在全市建设了17个千亩病虫害绿色防控示范区,集中示范、展示玉米主要害虫全程绿色防控技术,依托示范基地的辐射带动作用,促进了各项绿色防控技术在全市的推广应用。

(四)完善宣传培训

建立了"专家＋技术人员＋农民"的培训模式,依托农民田间学校和现场会等形式,举办各类活动756次,培训农民27 200余人,发放宣传及技术资料14.9万余份,提升了绿色防控技术的社会认可度和应用效果。

第三节　技术研究与推广成效

一、自主创新实现了松毛虫赤眼蜂的产业化生产

通过自主创新实现了松毛虫赤眼蜂的自动化、产业化繁育,攻克了赤眼蜂产品储存、包装及运输等方面的多项技术难题,在密云县组装了1条赤眼蜂自动化繁育生产线,生产效率提高了50倍,年生产能力达300亿头,并取得了10项国家实用新型专利,产品获得了国家农药登记证。

二、优化、集成了"一封两杀＋赤眼蜂＋理化诱控＋立体应急防治"的玉米主要害虫全程绿色防控技术体系

根据轻简增效、"一防多杀"的原则,针对绿控技术进行了创新、优化和集成,探索形成了"一封两杀"技术防治二点委夜蛾、黏虫等苗期害虫,赤眼蜂释放技术防治玉米玉米螟、桃柱螟等钻蛀性害虫,理化诱控技术防治成虫期鳞翅目、鞘翅目害虫,立体应急防治技术防治黏虫等重大、突发性害虫的全程绿色防控技术体系。

三、构建了绿色防控技术与专业化统防统治融合的推广模式

针对绿控技术到位率不足、准确率不高等问题,探索并构建了绿色防控技术与专业化统防统治融合的推广模式,依托50支专业化统防统治组织,结合物资补贴机制,通过示范区辐射带动,开展宣传培训等措施,大面积推广了玉米主要害虫全程绿色防控技术。仅2012年、2013年两年,共计补贴发放赤眼蜂146.39亿头、低毒农药169吨、各类植保

器械 838 台套,举办各类培训 756 次,推广全程绿色防控面积 725.55 万亩次,挽回玉米产量损失 2.62 亿千克,减少农药用量数百吨,节省防治用工 103.92 万个,节本增收 6.82 亿元,大面积推广该项技术,不仅减少了玉米产量损失,提高了农民收入,还节约了农药与农田用水,保护了首都生态环境与地下水资源,经济、社会和生态效益极为显著。

第九章 北京市小麦化学农药减量控害技术体系集成与推广

第一节 研究背景

小麦是北京地区的主要作物之一,不仅是农民重要的收入来源,同时也是美化京郊露地的重要生态屏障。长期以来,蚜虫、吸浆虫、白粉病、杂草等是北京麦田主要病虫害,每年都会造成较大的产量损失。以往,在病虫害防治过程中,农民选用的农药品种混乱,农药投入量缺乏可参考的标准,尤其是以"一家一户"为主的传统作业方式,农民主要使用背负式喷雾器开展防治工作,喷雾器质量参差不齐,跑冒滴漏现象较为普遍,上述现象都对北京小麦质量安全和土壤的生态环境安全造成了潜在威胁。

为了有效降低麦田化学农药投入量,科学指导全市麦田病虫害防控具体工作。2013—2016 年,北京市植物保护站和各区植保(植检)站,在"农业基础设施及综合开发—控制农药面源污染""小麦一喷三防""粮食高产创建"等项目支持下,根据小麦病虫草害发生危害的特点,通过技术研究和技术体系集成,研发了一套适于京郊小麦产业发展的生态、高效、简便的全程农药减量控害技术体系,并在全市小麦种植区进行了推广应用。

第二节　技术研究与示范推广情况

一、开展了新型药剂和植保器械的应用技术研发

一是开展了高巧＋立克秀悬浮种衣剂替代常规拌种药剂效果评价、小麦新型拌种药剂筛选、春季"一喷三防"技术优化、中后期"一喷三防"技术优化、小麦赤霉菌鉴定及室内药剂筛选、新型杀菌剂防治小麦赤霉病试验等多项新型药剂和助剂筛选试验，从中筛选出了适用于小麦全生育期病虫草害防治工作的药剂和配方；二是针对施药设备农药利用率低等问题，相继开展了新型药械在小麦蚜虫防治中的应用效果评价、农艺与施药机械配套技术研究等多项试验，筛选出了农药利用率较高的新型药械；三是联合植保器械生产企业，针对喷杆喷雾机关键部件进行了技术攻关。通过这些试验研究工作的具体实施，为小麦化学农药减量控害技术体系的集成提供了技术条件。

(一)种子处理技术优化

1.高巧＋立克秀悬浮种衣剂替代常规拌种药剂效果评价

试验表明，使用高巧＋立克秀悬浮种衣剂可以有效防治小麦蚜虫，采用600克/升高巧悬浮种衣剂300毫升/100千克＋60克/升立克秀悬浮种衣剂75毫升/100千克处理，对蚜虫的防治效果可达95％；通过在小麦抽穗期前和分蘖末期调查小麦根数、根长、分蘖数、株高、地上部分鲜重、地下部分鲜重等指标，调查发现，使用高巧＋立克秀悬浮种衣剂会对小麦生长情况产生一定影响；另外，在降低播种量的情况下，使

用高巧＋立克秀悬浮种衣剂可以增加小麦的产量,在 600 克/升高巧悬浮种衣剂 200 毫升/100 千克＋60 克/升立克秀悬浮种衣剂 50 毫升/100 千克的制剂处理下,播种量采用 17.5 千克/亩,小麦的产量可达 426.79 千克/亩。

2. 小麦新型拌种药剂筛选

采用辛硫磷＋多菌灵(常规拌种)、奥拜瑞、高巧＋立克秀、噻虫嗪＋戊唑醇、酷拉斯等对小麦种子进行处理,结果表明,这些药剂不影响小麦的出苗及后期生长,对小麦生长安全。

使用各种拌种药剂对小麦病虫害有一定的防治作用,有效期可持续至翌年 5 月中旬,各处理在药效期 4 月 20 日至 5 月 10 日之间,对小麦蚜虫的防效达 57.1%～100%,并且药剂处理可有效减轻小麦蚜虫的发生程度,推迟小麦蚜虫严重危害的时间,减轻产量损失,药剂的缓释作用即持效性依次为:高巧＋立克秀、噻虫嗪＋戊唑醇＞奥拜瑞＞酷拉斯、常规拌种;各处理在药效期 4 月 30 日至 5 月 20 日之间,对小麦白粉病的防效为 32.0%～69.74%,并且药剂处理能够减轻白粉病的发生程度,推迟旗叶的发病时间,促进光合作用产物的积累,提高产量。通过防治病虫,不同拌种处理可使小麦增产 20.95%～54.51%,增产效果明显。

综合考虑防效、剂量、产量等因素,建议小麦种子药剂处理采用 31.9%奥拜瑞悬浮剂 4～6 毫升/千克,高巧悬浮种衣剂 3.6～4.8 克/千克＋立克秀悬浮种衣剂 0.5 克/千克,70%噻虫嗪种子处理可分散粉剂 3～4 克/千克＋60 克/升戊唑醇悬浮种衣剂 0.5 克/千克。

(二)春季"一喷三防"技术优化

1. 麦田恶性杂草碱茅防治药剂筛选

近几年,北京个别区麦田遭受碱茅为害,严重影响到小麦生产,不同除草剂对碱茅的防除效果表明,每亩施用6.9%骠马50毫升、70%彪虎3.5克、3%世玛20毫升、15%麦极20克对碱茅防治效果较好,药后45天的株防效分别达到了89.8%、84.1%、77.8%和90.5%,鲜重抑制率分别为98.7%、92.6%、86.6%和94.8%。

2.麦田除草剂减量、替代效果评价

苯磺隆、2,4-滴丁酯是北京麦田使用的主要除草剂,亩用量较大、使用时间较长,曾经在麦田春季除草工作中发挥了重要作用,但是,单一使用一类除草剂容易导致杂草出现抗药性。通过试验筛选了替代、轮换用除草剂,结果表明:节药助剂激健和除草剂混用具有增效作用,药后15天,激健同5%双氟磺草胺悬浮剂处理混用可以提高杂草防效23.8%;激健同5%双氟磺草胺悬浮剂+10%唑草酮可湿性粉剂处理混用可提高杂草防效15.4%。另外,采用5%双氟磺草胺悬浮剂6～10毫升/亩+10%唑草酮可湿性粉剂10毫升/亩处理,药后15天,杂草株防效达80.7%～88.4%,该处理可以替代苯磺隆在麦田使用。

(三)中后期"一喷三防"技术优化

1.中后期"一喷三防"防治适期研究

通过在不同时期开展防治研究,结果表明,在灌浆期实施小麦中后期"一喷三防"技术对蚜虫的防治效果和增产效果最好。但是,在小麦吸浆虫和小麦白粉病发生较重的年份,可以利用药剂的持效期,适当前移中后期"一喷三防"技术的实施时间,或采取在小麦抽穗期和灌浆期连续实施的方式控制病虫为害。另外,有条件的地区可以在抽穗期、灌浆期各喷施一次叶面肥,能够起到增加小麦千粒重、防止小麦早衰的作用。

2.新型药械在防治小麦蚜虫时的效果评价

与电动背负式喷雾器相比,旋翼无人施药机和自走式喷杆喷雾机在实施小麦中后期"一喷三防"技术时田间应用效果更好,其中,旋翼无人施药机适用于小麦上层病虫害的施药作业,对小麦蚜虫的防治效果较好,作业效果较高;自走式喷杆喷雾机对小麦蚜虫的防治效果和作业效率均低于旋翼无人施药机,适用于小麦中层、下层的病虫害施药作业;通过调查各类施药设备对小麦叶片正反面病虫害的防治情况,结果表明,自走式喷杆喷雾机和旋翼无人施药机具有较高的雾滴密度,并且无明显差异,均可进行施药作业。

旋翼无人施药技术相对于常规地面施药技术具有较好的田间应用效果,并且实现了人、机分离,减少了施药人员与农药的接触,保障了施药人员的安全,具有较好的推广价值。

3.农艺与施药设备配套技术研究

研究发现,采用四密一疏播种方式和常规等行距播种方式,小麦产量分别为 422.55 千克和 428.1 千克,二者之间差异不明显,这一结果为今后大面积推广应用 3WX-280H 型自走式旱田作物喷杆喷雾机提供了科学依据。

4.新型杀菌剂防治小麦白粉病试验

小麦白粉病是小麦中后期的主要病害,随着小麦栽培密度提高,白粉病发生危害程度日趋严重,对小麦高产稳产构成严重威胁。在现有生产条件下,抗病品种还不能完全控制白粉病,药剂防治依然是控制小麦白粉病流行的关键技术措施。通过试验筛选新型杀菌剂,结果表明:每亩用 12.5％氟环唑悬浮剂 5～8 克,防治效果最佳,药后 15 天防效分别为 93％～97％,其次是 12.5％烯唑醇可湿性粉剂 3 000 倍和丙环唑乳油 40 克,防治效果均在 90％以上。

5.北京小麦赤霉菌鉴定及室内药剂筛选

引起小麦赤霉病的镰刀菌至少有 20 种以上。根据最新的系统发育分析,传统分类学中的 *Fusarium graminearum* 分类地位有较大变化,目前成为一个至少包含有 16 个种的复合种。同时,镰刀菌能够产生至少 70 种以上的毒素,造成食品安全上的隐患。因此,鉴定北京小麦赤霉的镰刀菌种类以及产毒类型,明确优势群体,有利于科学指导防控工作。

试验表明,北京与河北供试的 60 株禾谷镰刀菌样品,对 3 种测试药剂均为敏感型,未发现抗药性菌株。氰烯菌酯对禾谷镰刀菌的有效浓度最低,用药量最少,EC_{50} 仅为多菌灵的 1/3,多菌灵的 EC_{50} 值最高。实际应用中,由于并没有检测到抗药群体存在,3 种杀菌剂在田间都会有较好的防效。从经济角度考虑,多菌灵成本最低,但考虑多菌灵和氰烯菌酯对禾谷镰刀菌作用位点为单一靶标,存在较高抗药性风险,建议采用药剂轮换进行赤霉病防治。

6.新型杀菌剂防治小麦赤霉病试验

试验选用 20% 三唑酮乳油、70% 戊唑醇水分散粒剂、50% 多菌灵可湿性粉剂、25% 氰烯菊酯悬浮剂等杀菌剂,通过田间试验表明,在各试验处理中,小麦产量最高的是 25% 氰烯菊酯悬浮剂处理,为 563.1 千克/亩,比未使用杀菌剂的处理增产 32 千克,增产达 5.7%;其次,50% 多菌灵可湿性粉剂处理的产量为 544 千克/亩,增产达 2.1%。试验结果说明,新型杀菌剂 25% 氰烯菊酯悬浮剂对小麦赤霉病的防治效果最好,其次是 25% 氰烯菊酯悬浮剂。

（四）新型植保器械的研发

为解决传统施药的农药浪费和污染问题,2013—2016 年,市、区植保(植检)站重点推广了 3WX-280H 型自走式旱田作物喷杆喷雾机、3W-250 型喷杆喷雾机等,并针对喷杆喷雾机关键部件进行了技术攻关,获得喷杆式喷雾机的喷杆折叠机构(ZL200920277755.0)、防浪涌喷雾器药箱(ZL200820080217.8)、便携式喷雾均匀性测试盘(ZL201320342317.4)、稻麦棉作物综合保护机(ZL200920110624.3)、稻麦棉作物综合保护机(ZL200920106534.7)、自走式旱田作物喷雾机(ZL200930205028.9)等专利。

二、集成了小麦化学农药减量控害技术体系

针对小麦全生育期的病虫草害种类及发生特点,2013—2016 年,市植保站明确了小麦播种期、春季、中后期三个重点防治时期和用药配方,在播种期采用种子处理技术防治苗期病害和地下害虫;在小麦返青期至拔节期防治春季杂草、白粉病、倒伏等;在小麦中后期(抽穗至灌浆期)防治吸浆虫、蚜虫、白粉病以及早衰,实现了小麦全生育期病虫草害的全程有效控制。

1. 制订了地方标准《小麦主要病虫草害防治技术规范》

北京在市、区植保(植检)站长期监测病虫草害发生规律的基础上,根据各时期的关键防治对象制订了防治指标和防治方法。

2. 集成了小麦化学农药减量控害技术体系

通过对关键技术和产品开展一系列的研究工作,市、区植保(植检)站集成了小麦化学农药减量控害技术体系(表 9-1):采取种子处理技术在苗期防治地下害虫、病害;春季"一喷三防"技术在返青期至拔节期防治春季杂草、白粉病、倒伏等;中后期"一喷三防"技术在抽穗至灌浆期防治吸浆虫、蚜虫、白粉病以及早衰等。

表 9-1　小麦化学农药减量控害技术体系

生育阶段	主要病虫害为害	最优防治方法	防治时期与量化指标	优选施药设备
苗期	种传土传病害、苗期病害、地下害虫	600 克/升高巧悬浮种衣剂 2 毫升/千克(种子量,下同)+60 克/升立克秀悬浮种衣剂 0.5 毫升/千克	播种前	3WX-280H 型自走式旱田作物喷杆喷雾机、3W-250 型喷杆喷雾机、3W-650 型喷杆喷雾机、3WP-650 型喷杆喷雾机、自走式高地隙喷杆喷雾机、植保无人机等
返青-拔节期	杂草、白粉病、倒伏	75%苯磺隆水分散粒剂 1~2 克+30%己唑醇悬浮剂 5 毫升+15%多效唑 40 克/亩;或 75%苯磺隆水分散粒剂 1~2 克+30%己唑醇悬浮剂 10 毫升/亩,以上配方对水 30~40 千克均匀喷雾	防治时期选在 3 月末至 4 月初,以越年生杂草为主的麦田防治适期应适当提前,以一年生杂草为主的麦田防治适期可以适当延后,在小麦拔节前停止用药	
抽穗-灌浆期	蚜虫、吸浆虫、白粉病、锈病等	30%己唑醇悬浮剂 5 克+70%吡虫啉 2 克+4.5%高效氯氰菊酯乳油 60 毫升+99%磷酸二氢钾 60~120 克+激健助剂 15 毫升,以上配方对水 30~40 千克均匀喷雾	①以防治吸浆虫、白粉病为主,兼治蚜虫的地块,在抽穗期用药,当小麦 50%抽穗(吸浆虫羽化高峰)或白粉病病株率≥15%或病叶率≥20%时进行防治。②以防治蚜虫为主,兼治白粉病的地块,选在扬花至灌浆期用药,当百株蚜量≥500 头时进行防治	
收获期	杂草、病虫	在收获前,清理收获设备的残留麦种、秸秆等,防治其他地块的杂草、病虫传播		

三、探索了技术体系与统防统治融合模式

市、区植保(植检)站针对小麦病虫害防治工作适合开展专业化统防统治的特点,充分发挥近几年北京建立的 50 支植保专防队,配置了 75 台 3WX-280H 型自走式旱田作物喷杆喷雾机,101 台 3W-250 型喷杆喷雾机(6 米),70 台 3W-650 型喷杆喷雾机(10 米),11 台 3WP-650 型喷杆喷雾机(12 米),以及自走式高地隙喷杆喷雾机、植保无人机等其他高效专业植保器械 1 660 余台套,积极组织开展统防统治服务,促进了小麦化学农药减量控害技术体系的推广应用,提高了病虫防治效果和实施效率。

第三节 技术体系的推广成效

一、技术体系在全市的推广应用情况

2013—2016 年,依托统防统治与技术体系融合的推广模式,在物化补贴的带动作用下,北京在 10 个小麦种植区大面积推广应用了小麦化学农药减量控害技术体系。采取种子处理技术在苗期防治地下害虫、病害,春季"一喷三防"技术在返青期至拔节期防治春季杂草、白粉病、倒伏等,中后期"一喷三防"技术在抽穗至灌浆期防治吸浆虫、蚜虫、白粉病以及早衰。据各区统计,2013—2016 年,全市小麦种植面积共计 219.25 万亩,小麦化学农药减量控害技术体系应用 179.9 万亩(表 9-2),技术覆盖率达 82.05%。

表 9-2　2013—2016 年全市小麦化学农药减量控害技术体系实施面积　　万亩

区县	2013 年	2014 年	2015 年	2016 年	合计
朝阳	0.5	0	0	0	0.5
海淀	0.5	0	0	0	0.5
顺义	20	15	12	9	56
大兴	17	15	7.4	6.3	45.7
房山	9	7	4.32	4	24.32
通州	15	7	5.41	3.9	31.31
密云	1.5	1	0.8	0.6	3.9
怀柔	2.5	2	1.6	0.9	7
平谷	3	2.5	1.8	1.2	8.5
昌平	1	0.5	0.27	0.4	2.17
合计	70	50	33.6	26.3	179.9

通过组织专防队伍开展防治服务,2013—2016 年,各区田间监测表明,在应用小麦化学农药减量控害技术体系后,全市春季杂草的平均防治效果分别为 92.46％、92.8％、94.6％、91.1％(表 9-3)。2013—2015 年,蚜虫的平均防治效果分别为 94.4％、95.4％、96.2％,吸浆虫的平均防治效果分别为 92.7％、92.9％、93.4％,白粉病的平均防治效果分别为 94.4％、94.6％、93.7％。2016 年主要病虫平均防治效果为92.3％(表 9-4)。

表 9-3　2013—2016 年小麦化学农药减量控害技术体系的防治效果(杂草)　　％

区县	2013 年	2014 年	2015 年	2016 年
朝阳	—	—	—	—
海淀	—	—	—	—
顺义	95	94.8	95	89.3
大兴	97.6	97.5	—	93.8
房山	92	92.2	96.5	94
通州	95	95.2	97.3	92.7
密云	85	86	89.15	90
怀柔	87.65	87.7	—	89.6
平谷	—	94	95	93
昌平	95	95	—	80
平均防效	92.46	92.8	94.6	91.1

表 9-4　2013—2016 年小麦化学农药减量控害技术体系的防治效果（病虫）　　%

区县	2013 年			2014 年			2015 年			2016 年
	蚜虫	吸浆虫	白粉病	蚜虫	吸浆虫	白粉病	蚜虫	吸浆虫	白粉病	病虫
朝阳	90	—	95	—	—	—	—	—	—	—
海淀	90	—	95	—	—	—	—	—	—	—
顺义	98.6	98.2	100	98	98	100	98	97.5	97	92.5
大兴	98.2	97.5	93.7	98	97	93.6	97.5	96	92.3	90.6
房山	97	94	90	97	94	92	97	96	92	91.2
通州	96	—	—	96	94	—	97.6	—	—	94.2
密云	92.2	86.77	87.4	92	87	87.6	94.2	88	89	91.6
怀柔	89.05	90.82	—	90	91	—	92	92	—	92.8
平谷	98	89	100	97	90	100	97	91	98	92.6
昌平	95	—	—	95	92	—	96	—	—	93.2
平均防效	94.4	92.7	94.4	95.4	92.9	94.6	96.2	93.4	93.7	92.3

测算结果表明，2013—2016 年，通过应用小麦化学农药减量控害技术体系，10 个区平均亩挽回产量损失 49.48 千克，累计挽回产量损失 9 048.97 万公斤，减少用工 14.49 万个，减少农药用量两百多吨，减少用水 5.43 万吨，新增总产值 2.39 亿元（表 9-5），经济、社会和生态效益十分明显。

表 9-5　2013—2016 年全市各区县小麦化学农药减量控害技术体系应用效果

区县	实施面积（万亩）	亩挽回产量损失（千克）	挽回产量损失（万千克）	减少用工（万个）	减少用水（万吨）	新增总产值（亿元）
朝阳	0.5	48.4	24.20	0.04	0.02	0.01
海淀	0.5	52.3	26.15	0.04	0.02	0.01
顺义	56	50.37	2 820.72	4.50	1.64	0.74
大兴	45.7	51.33	2 345.78	3.59	1.26	0.62
房山	24.32	49.38	1 200.92	1.99	0.78	0.32
通州	31.31	51.12	1 600.57	2.54	1.04	0.42
密云	3.9	50.05	195.20	0.30	0.13	0.05
怀柔	7	45.89	321.23	0.55	0.21	0.09
平谷	8.5	48.33	410.81	0.71	0.25	0.11
昌平	2.17	47.65	103.40	0.23	0.07	0.03
合计	179.9		9 048.97	14.49	5.43	2.39

二、技术宣传和培训情况

2013—2016 年,为加大技术体系的推广力度,提高全市病虫害的防控技术水平,市、区植保站共发布简报 55 期,开办培训班和现场会202 期,培训人员 12 497 人次。同时,市、区两级植保站组织技术人员深入现场指导农民使用小麦化学农药减量控害技术,共发放各类宣传资料126 597 份。相关工作被农民日报、京郊日报等 10 多家媒体的宣传报道 69 余次。通过开展宣传培训提高了农民对于小麦化学农药减量控害技术的认识和了解程度,扩大了技术体系的影响力和覆盖范围(表 9-6)。

表 9-6　2013—2016 年宣传工作统计表

统计项目	主要内容	年度				合计
		2013	2014	2015	2016	
现场会、技术培训会(期)		87	82	33		202
培训人员(人次)	培训农民、技术人员等	5 097	5 200	2 200		12 497
发放宣传资料(份)	小麦病虫害识别、防治技术资料	63 597	63 000			126 597
简报(期)	《测报与防治专刊》、电视预报、重大病虫周报等	11	18	20	6	55
媒体宣传报道(次)	农民日报、京郊日报、农资导报等媒体	21	20	12	16	69

第十章 北京市果园害虫关键绿控技术创制与集成应用情况

第一节 研究背景

　　大桃、苹果是北京种植的主要果树作物,全市大桃种植面积约 22 万亩,苹果种植面积约 19.4 万亩。近年来,随着鲜果种植业的不断发展,病虫发生情况日趋复杂,呈现出病虫种类多、发生频率高的新趋势,尤其是梨小食心虫、蚜虫、叶螨等害虫给果农造成了严重的产量和经济损失。目前,化学防治依然是北京地区果园防治害虫的主要技术措施,但是,钻蛀类害虫如梨小食心虫等,化学药剂不容易直接接触,多种药剂对害虫防治效果不理想,另外,北京果树蚜虫、害螨发生严重,连续、多次用药容易导致害虫出现抗药性,这些问题可能导致农民通过过量使用农药达到防治效果,直接威胁到农产品质量安全和果园生态环境安全。

　　2013—2016 年,依托科技部"梨小食心虫迷向剂散发器的生产和推广"、"北京都市型现代农业基础建设及综合开发规划(2009—2012)"和北京市农业局"苹果病虫害绿色防控试验示范"等项目支持,市、区植保站加大了果园害虫关键绿控技术的研究和集成应用,逐步形成大桃、苹果等北京市主要果树害虫绿控技术体系,并与专业化统防统治融合,探索出新的技术推广模式,在全市大面积应用了技术成果。

第二节　果园害虫关键绿控
技术创制与集成情况

一、关键绿控技术产品的研发

(一)首次实现了梨小食心虫性信息素原药的自主工业化生产,建立了迷向散发器生产线

迷向技术是通过释放高浓度的性信息素干扰雌雄虫交配,降低虫口数量,减轻危害的物理防治技术,可以解决化学农药难以接触梨小食心虫等钻蛀性害虫,防治效果不理想等技术难题。由于迷向技术具有无抗性、环境友好等优势,近几年发展迅速,但是,以前国内迷向散发器只是以手工形式少量生产,制约了迷向技术的推广应用。

通过开展昆虫性信息素的配制、缓释载体的筛选和昆虫性信息素的灌装封口技术研究,实现了梨小食心虫昆虫信息素的自主工厂化合成,产品成本和价格降低了30%以上,打破了国内规模化生产昆虫信息素原药依赖进口的局面;建立梨小食心虫迷向散发器生产线1条,实现迷向散发器产品的大规模生产,产品持效期长达6个月;迷向散发器在全国示范推广面积达9.2万亩次,制定出梨小食心虫迷向散发器使用技术规程1套。

(二)实现了4种优势种天敌捕食螨的规模化生产

针对果树害螨抗药性问题,优选4种优势种天敌捕食螨,开展了室内饲养技术研究:一是利用腐食酪螨和叶螨饲养巴氏钝绥螨的方法,有利于巴氏钝绥螨对叶螨的识别,也有利于巴氏钝绥螨产品品质的提高;二是利用椭圆食粉螨和朱砂叶螨饲养东方钝绥螨的方法;三是利用甜

果螨和二斑叶螨饲养加州新小绥螨的方法;四是先利用寄主植物饲养二斑叶螨或朱砂叶螨,再利用所饲养的二斑叶螨或朱砂叶螨饲养拟长毛钝绥螨的方法,饲养过程中可添加丝瓜花粉作为补充。技术的关键环节是猎物的饲养、收集及捕食螨的饲养。

形成了相关捕食螨生产工艺流程,实现了4种捕食螨的规模化生产。4种捕食螨年生产能力分别为:巴氏钝绥螨6亿头,东方钝绥螨3万头,加州新小绥螨15 000头,拟长毛钝绥螨7 200万头,为果树害螨的田间防治工作提供了产品保障。

二、开展了关键绿控技术研究

(一)果园生草技术

在桃园和苹果园开展了生草品种筛选,明确白三叶、紫花苜蓿、蒲公英3种生草品种为主的种植模式,形成了管理技术规程。根据调查,生草可以显著增加瓢虫、东亚小花蝽、草蛉、食蚜蝇及蜘蛛等捕食性天敌的种群数量,天敌可由地面植被向树冠上迁移,抑制蚜虫种群数量。

(二)理化诱控技术

利用梨小食心虫诱芯配套诱捕器监测梨小食心虫在果园的发生时间、发生量,从而指导防治工作。监测发现,北京地区梨小食心虫发生时间为3月底到9月初,发生量出现4个高峰期。利用梨小食心虫迷向散发器防治梨小食心虫,迷向率最低为84.62%,最高达100%。悬挂迷向散发器对控制梨小食心虫折梢危害有明显效果,平均防效为86.46%,迷向区蛀果率仅为1%,防治效果为83.33%,明显减少蛀果危害。另外,桃小食心虫、桃蛀螟和金纹细蛾性诱剂诱捕技术防治效果明显。

(三)天敌防治技术

研究了 4 种捕食螨在桃园和苹果园的防治技术,提出一套防治技术措施。当果园叶螨发生量很少时,可释放生产成本较低的巴氏钝绥螨控制叶螨的虫口数量,在每年叶螨高发期,以释放生产成本相对较低的加州新小绥螨和东方钝绥螨为主,一旦叶螨数量很大,可以释放拟长毛钝绥螨来进行防治。为防止 7—8 月份叶螨高发期,害螨大量暴发,可在此期间定期释放拟长毛钝绥螨 2~3 次。当发现田间叶螨出现结网现象时,需要首先用化学农药降低虫口数量,待药效期过后,继续释放捕食螨进行防控。

(四)生物农药应用技术

针对蚜虫抗药性问题,开展了生物农药对蚜虫的防治技术研究,0.3％苦参碱水剂 1 000 倍液防治蚜虫的效果非常理想,药后第 7 天,防效可达 91.96,0.3％苦参碱水剂持效期长,是防治蚜虫的理想药剂,苦参碱还可以与桉油精、除虫菊等生物药剂轮换使用,延缓害虫产生抗药性。另外,研究还发现,在防治梨大食心虫时,可以使用 30％阿维·灭幼脲悬浮剂 1 000~2 000 倍液替代 4.5％高效氯氰菊酯乳油。

三、果园害虫绿控技术体系集成与示范推广

(一)集成绿控技术模式

在果园害虫关键绿控技术研究基础上,结合果园害虫发生和危害特点,优化集成了以理化诱控技术、天敌保护利用技术和科学用药技术为核心的果园害虫绿控技术体系。其中,大桃害虫全程绿控技术模式为:清园控害＋"色、光、性"三诱＋果实套袋＋保护利用天敌＋科学用药;苹果害虫全程绿控技术模式为:果树健身栽培＋生态调控＋理化诱

控＋科学用药。

(二)创新推广模式

1.建立绿色防控与专业化统防统治融合的技术推广模式

在平谷、顺义等主要果树种植基地,依托合作社、示范基地建立了3支植保专业化统防统治组织,配置了一批先进的植保施药器械,实施"五统一"服务,即"统一组织"、"统一发动"、"统一时间"、"统一技术"、"统一实施",重点使用绿控技术为农民提供安全高效的害虫防治承包服务。通过植保专业化统防统治组织开展害虫防治服务,推进了果品产业现代化发展进程,节水、节药、省工作用明显,同时也提升了果品品质,提高了劳动生产率,达到了提质增效的生产目标。

2.建立核心示范基地

在北京主要果树种植区昌平、平谷和顺义建立了7个面积共5 200亩的大桃、苹果示范基地,重点开展果园害虫绿色防控技术的试验和全程示范。同时,依托核心示范基地,辐射带动周边基地和农户使用绿色防控技术,并通过技术培训、现场观摩等方式,提高各项技术的使用效果。

3.开展技术宣传和培训

2013—2016年,通过农民田间学校、现场培训、观摩会等多种形式对大桃、苹果主要害虫识别、防治适期、防治技术及高效植保施药器械等内容进行培训,共开展培训60余期,培训人员3 950人次。同时,市区两级植保站还积极邀请专家、组织技术人员深园入田间地头,现场指导农民使用果园害虫关键绿控技术,共发放《桃主要病虫害绿色防控彩色图谱》《果树病虫害防治》《桃树病虫防治分册》《苹果病虫防治分册》等各类宣传资料12 100余份。相关技术被农民日报、京郊日报等10多家媒体报道37次,极大地提高了农民对果树害虫关键绿控技术的掌握程度,扩大了技术体系的影响力和覆盖范围。

(三)技术应用效果

1.防治效果提高

通过采用绿色防控技术,可以有效控制果园虫害,在大桃和苹果核心示范区,蛀果害虫防治效果达到83.3%,蛀果率可控制在1%以下,避免了害虫危害损失,减少了化学农药的使用量。

2.果品质量提高

调查表明,示范区内果园的农药使用次数平均减少3次,每亩果园可减少化学农药用量60%以上,大桃口感明显改善。

3.绿控意识增强

通过示范推广绿色防控技术,开展相关技术培训和宣传,提高了项目区内果农对绿色防控技术的认识和了解程度,从思想、观念上改变了原来单纯依靠化学农药防治病虫害的习惯,绿色防控意识明显增强。

第三节　技术体系推广应用情况

2013—2016年,依托统防统治与技术体系融合的推广模式,在北京、河北和天津主要果树种植区推广应用了果园害虫绿控技术体系。其中,2013—2015年,推广应用果园害虫绿控技术面积共计70万亩次(表10-1),技术覆盖率达56.2%。

表 10-1　果园害虫绿控技术实施面积　　　　　　　　万亩

地区		2013 年	2014 年	2015 年	合计
北京市	昌平区	1.3	1.2	1.5	4
	顺义区	2.7	2.3	2	7
	平谷区	18	20	18	56
河北省和天津市		1	1	1	3

　　根据各区植保(植检)站的田间监测,在应用果园害虫绿控技术体系后,果园主要害虫的防治效果达到70%以上(表10-2),减少化学农药用量近百吨,减少用水5.82万吨,实现经济效益5.23亿元(表10-3)。

表 10-2　2013—2016 年果园害虫绿控的防治效果　　　　　　　　%

地区		蚜虫	叶螨	金纹细蛾	桃小食心虫	梨小食心虫	桃蛀螟	苹小卷叶蛾	梨大食心虫
北京市	昌平区	92.37	76.3	73.33	85.38	86.46	82.31	78.3	95.8
	顺义区	84.58	75.4	74.59	74.23	79.47	76.59	75.9	94.3
	平谷区	79.89	69.8	79.37	81.82	91.58	72.63	82.47	92.1
	平均	85.61	73.83	75.76	80.48	85.84	77.18	78.89	94.07
河北省和天津市						91.38			

表 10-3　2013—2016 年果园害虫绿控技术体系应用效果

关键技术	面积(万亩)	减少次果产量(万吨)	减少用工(万个)	减少用水(万吨)	经济效益(亿元)
果园生草技术	6	0.6	1.2	0.36	0.207 12
理化诱控技术	29	8.3	16.6	4.98	3.112 3
天敌释放技术	8	1.2	1.6	0.48	0.396 16
化学农药替代技术	27	4.05	0	0	1.514 34
合计	70	14.15	19.4	5.82	5.229 92

第十一章　北京都市现代农业植保工作的法律依据和支持政策

法律法规和政策措施是推进都市现代农业植保工作的重要基础，近几年，国家和北京市围绕农业生产安全、农产品质量安全和生态环境安全，出台了一系列法律法规和政策文件，其中一些内容涉及都市现代农业植物保护重点工作。本研究对涉及绿色防控技术推广、病虫害防控、化学农药减量等工作的法律法规和政策措施做了归纳整理，以期为行业主管部门和市、区植物保护机构落实有关政策提供参考依据。

第一节　法定依据

1.《中华人民共和国农业法》

中华人民共和国第十一届全国人民代表大会常务委员会第三十次会议于 2012 年 12 月 28 日通过了《中华人民共和国农业法》（以下简称《农业法》），自 2013 年 1 月 1 日起施行。

《农业法》是三农工作的基本法，现行《农业法》共十三章九十九条，规定了农业生产经营体制、农业生产、农产品流通与加工、粮食安全、农业投入与支持保护、农业科技与农业教育、农业资源与农业环境保护、农民权益保护、农村经济发展、执法监督、法律责任等事宜。其中，与植物保护工作直接相关的条款包括：

第24条规定:国家实行动植物防疫、检疫制度,健全动植物防疫、检疫体系,加强对动物疫病和植物病、虫、杂草、鼠害的监测、预警、防治,建立重大动物疫情和植物病虫害的快速扑灭机制,建设动物无规定疫病区,实施植物保护工程。

第25条规定:农药、兽药、饲料和饲料添加剂、肥料、种子、农业机械等可能危害人畜安全的农业生产资料的生产经营,依照相关法律、行政法规的规定实行登记或者许可制度。

各级人民政府应当建立健全农业生产资料的安全使用制度,农民和农业生产经营组织不得使用国家明令淘汰和禁止使用的农药、兽药、饲料添加剂等农业生产资料和其他禁止使用的产品。

农业生产资料的生产者、销售者应当对其生产、销售的产品的质量负责,禁止以次充好、以假充真、以不合格的产品冒充合格的产品;禁止生产和销售国家明令淘汰的农药、兽药、饲料添加剂、农业机械等农业生产资料。

第38条规定:国家逐步提高农业投入的总体水平。中央和县级以上地方财政每年对农业总投入的增长幅度应当高于其财政经常性收入的增长幅度。

各级人民政府在财政预算内安排的各项用于农业的资金应当主要用于:加强农业基础设施建设;支持农业结构调整,促进农业产业化经营;保护粮食综合生产能力,保障国家粮食安全;健全动植物检疫、防疫体系,加强动物疫病和植物病、虫、杂草、鼠害防治;建立健全农产品质量标准和检验检测监督体系、农产品市场及信息服务体系;支持农业科研教育、农业技术推广和农民培训;加强农业生态环境保护建设;扶持贫困地区发展;保障农民收入水平等。

第51条规定:国家设立的农业技术推广机构应当以农业技术试验示范基地为依托,承担公共所需的关键性技术的推广和示范等公益性职责,为农民和农业生产经营组织提供无偿农业技术服务。

县级以上人民政府应当根据农业生产发展需要,稳定和加强农业技术推广队伍,保障农业技术推广机构的工作经费。

各级人民政府应当采取措施,按照国家规定保障和改善从事农业技术推广工作的专业科技人员的工作条件、工资待遇和生活条件,鼓励他们为农业服务。

第58条规定:农民和农业生产经营组织应当保养耕地,合理使用化肥、农药、农用薄膜,增加使用有机肥料,采用先进技术,保护和提高地力,防止农用地的污染、破坏和地力衰退。

第65条规定:各级农业行政主管部门应当引导农民和农业生产经营组织采取生物措施或者使用高效低毒低残留农药、兽药,防治动植物病、虫、杂草、鼠害。

2.《中华人民共和国农业技术推广法》

《中华人民共和国农业技术推广法》是农业技术推广机构开展农业技术推广服务等工作的重要法律依据。现行《中华人民共和国农业技术推广法》于2012年8月31日,经中华人民共和国第十一届全国人民代表大会常务委员会第二十八次会议于修改通过,并于2013年1月1日起施行。

《中华人民共和国农业技术推广法》第2条规定:"本法所称农业技术,是指应用于种植业、林业、畜牧业、渔业的科研成果和实用技术,包括:(一)良种繁育、栽培、肥料施用和养殖技术;(二)植物病虫害、动物疫病和其他有害生物防治技术;(三)农产品收获、加工、包装、贮藏、运输技术;(四)农业投入品安全使用、农产品质量安全技术;(五)农田水利、农村供排水、土壤改良与水土保持技术;(六)农业机械化、农用航空、农业气象和农业信息技术;(七)农业防灾减灾、农业资源与农业生态安全和农村能源开发利用技术;(八)其他农业技术。本法所称农业技术推广,是指通过试验、示范、培训、指导以及咨询服务等,把农业技术普及应用于农业产前、产中、产后全过程的活动。"第11条规定:"各级国家农业技术推广机构属于公共服务机构,履行下列公益性职责:

（一）各级人民政府确定的关键农业技术的引进、试验、示范；（二）植物病虫害、动物疫病及农业灾害的监测、预报和预防；（三）农产品生产过程中的检验、检测、监测咨询技术服务；（四）农业资源、森林资源、农业生态安全和农业投入品使用的监测服务；（五）水资源管理、防汛抗旱和农田水利建设技术服务；（六）农业公共信息和农业技术宣传教育、培训服务；（七）法律、法规规定的其他职责。"

3. 中华人民共和国农产品质量安全法

2006 年 4 月 29 日第十届全国人民代表大会常务委员会第二十一次会议通过了《中华人民共和国农产品质量安全法》（以下简称《农产品质量安全法》），自 2006 年 11 月 1 日起施行。

《农产品质量安全法》共八章五十六条，对农产品质量安全标准、农产品产地、农产品生产、农产品包装和标识、监督检查、法律责任等做了规定。

第 19 条规定：农产品生产者应当合理使用化肥、农药、兽药、农用薄膜等化工产品，防止对农产品产地造成污染。

第 21 条规定：对可能影响农产品质量安全的农药、兽药、饲料和饲料添加剂、肥料、兽医器械，依照有关法律、行政法规的规定实行许可制度。国务院农业行政主管部门和省、自治区、直辖市人民政府农业行政主管部门应当定期对可能危及农产品质量安全的农药、兽药、饲料和饲料添加剂、肥料等农业投入品进行监督抽查，并公布抽查结果。

第 23 条规定：农业科研教育机构和农业技术推广机构应当加强对农产品生产者质量安全知识和技能的培训。（一）含有国家禁止使用的农药、兽药或者其他化学物质的；（二）农药、兽药等化学物质残留或者含有的重金属等有毒有害物质不符合农产品质量安全标准的；（三）含有的致病性寄生虫、微生物或者生物毒素不符合农产品质量安全标准的；（四）使用的保鲜剂、防腐剂、添加剂等材料不符合国家有关强制性的技术规范的；（五）其他不符合农产品质量安全标准的。

4.《农药管理条例》及配套管理办法

1997 年 5 月 8 日,国务院发布了《农药管理条例》,这是我国第一部全面系统的农药管理法规,标志着我国农药管理法制化的开始,当时的《农药管理条例》包括八章四十九条,依次规定了农药登记、农药生产、农药经营、农药使用等内容,在《农药管理条例》发布以前,我国在农药使用等方面也发布了一些通知、规定和标准,但是没有能够涵盖农药各环节的监管工作。

2001 年 11 月 29 日,国务院对《农药管理条例》进行了修改。2017 年 2 月 8 日,国务院通过了《农药管理条例》的 26 处重大修订,并自 2017 年 6 月 1 日起正式施行。新的《农药管理条例》(以下简称《条例》)强化了管理机制、加强了监管力度、提高了农药生产经营使用的违法成本,重点是将农药生产管理职责由多部门统一到农业部门,并恢复了 1997 年 5 月 8 日农业部规章确定的农药经营许可制度。

《条例》共八章六十六条,包括总则、农药登记、农药生产、农药经营、农药使用、监督管理、法律责任和附则等八章。为确保《条例》落实,2017 年 6 月 21 日,农业部公布了 5 个配套管理办法,包括《农药登记管理办法》《农药生产许可管理办法》《农药经营许可管理办法》《农药标签和说明书管理办法》和《农药登记试验管理办法》,共同构架起农药管理法规框架,这些办法自 2017 年 8 月 1 日起施行。

《条例》对农药管理机构、农技服务和保障措施做了具体规定:

第 3 条规定:县级以上地方人民政府农业主管部门负责本行政区域的农药监督管理工作。县级以上人民政府其他有关部门在各自职责范围内负责有关的农药监督管理工作。

第 7 条规定:……国务院农业主管部门所属的负责农药检定工作的机构负责农药登记具体工作。省、自治区、直辖市人民政府农业主管部门所属的负责农药检定工作的机构协助做好本行政区域的农药登记具体工作。

第 31 条规定:县级人民政府农业主管部门应当组织植物保护、农业技术推广等机构向农药使用者提供免费技术培训,提高农药安全、合理使用水平……

第 32 条规定:国家通过推广生物防治、物理防治、先进施药器械等措施,逐步减少农药使用量。县级人民政府应当制定并组织实施本行政区域的农药减量计划;对实施农药减量计划、自愿减少农药使用量的农药使用者,给予鼓励和扶持。县级人民政府农业主管部门应当鼓励和扶持设立专业化病虫害防治服务组织,并对专业化病虫害防治和限制使用农药的配药、用药进行指导、规范和管理,提高病虫害防治水平。县级人民政府农业主管部门应当指导农药使用者有计划地轮换使用农药,减缓危害农业、林业的病、虫、草、鼠和其他有害生物的抗药性。乡、镇人民政府应当协助开展农药使用指导、服务工作。

第 43 条规定:国务院农业主管部门和省、自治区、直辖市人民政府农业主管部门应当组织负责农药检定工作的机构、植物保护机构对已登记农药的安全性和有效性进行监测。

5.《植物检疫条例》及《植物检疫条例实施细则》

北京植物保护机构根据《植物检疫条例》和《植物检疫条例实施细则》(农业部分)等法律、法规授权开展相关工作。1983 年 1 月 3 日,国务院发布了《植物检疫条例》,1992 年 5 月 13 日,国务院修订施行。1995 年 2 月 25 日农业部发布《植物检疫条例实施细则》(农业部分),1997 年 12 月 25 日、2004 年 7 月 1 日、2007 年 11 月 8 日农业部三次修订。

现行《植物检疫条例》对植物检疫机构开展工作做了以下规定:

第 3 条规定:县级以上地方各级农业主管部门、林业主管部门所属的植物检疫机构,负责执行国家的植物检疫任务。植物检疫人员进入车站、机场、港口、仓库以及其他有关场所执行植物检疫任务,应穿着检疫制服和佩戴检疫标志。

第 4 条规定:凡局部地区发生的危险性大、能随植物及其产品传播的病、虫、杂草,应定为植物检疫对象。农业、林业植物检疫对象和应施检疫的植物、植物产品名单,由国务院农业主管部门、林业主管部门制定。各省、自治区、直辖市农业主管部门、林业主管部门可以根据本地区的需要,制定本省、自治区、直辖市的补充名单,并报国务院农业主管部门、林业主管部门备案。

第 11 条规定:种子、苗木和其他繁殖材料的繁育单位,必须有计划地建立无植物检疫对象的种苗繁育基地、母树林基地。试验推广的种子、苗木和其他繁殖材料,不得带有植物检疫对象。植物检疫机构应实施产地检疫。

第 12 条规定:从国外引进种子、苗木,引进单位应当向所在地的省、自治区、直辖市植物检疫机构提出申请,办理检疫审批手续。但是,国务院有关部门所属的在京单位从国外引进种子、苗木,应当向国务院农业主管部门、林业主管部门所属的植物检疫机构提出申请,办理检疫审批手续。具体办法由国务院农业主管部门、林业主管部门制定。从国外引进、可能潜伏有危险性病、虫的种子、苗木和其他繁殖材料,必须隔离试种,植物检疫机构应进行调查、观察和检疫,证明确实不带危险性病、虫的,方可分散种植。

第 14 条规定:植物检疫机构对于新发现的检疫对象和其他危险性病、虫、杂草,必须及时查清情况,立即报告省、自治区、直辖市农业主管部门、林业主管部门、采取措施,彻底消灭,并报告国务院农业主管部门、林业主管部门。

《植物检疫条例实施细则》(农业部分)对植物检疫机构开展工作做了以下规定:

第 4 条规定:省级植物检疫机构的主要职责:1.贯彻《植物检疫条例》及国家发布的各项植物检疫法令、规章制度,制定本省的实施计划和措施;2.检查并指导地、县级植物检疫机构的工作;3.拟订本省的《植物检疫实施办法》《补充的植物检疫对象及应施检疫的植物、植物产品名单》和植物检疫规章制度;4.拟订省内划定疫区和保护区的方案,提出全省检疫对象的普查、封锁和控制消灭措施,组织开展植物检疫技术的研究和推广;5.培训、管理地、县级检疫干部和技术人员,总结、交流检疫工作经验,汇编检疫技术资料;6.签发植物检疫证书,承办授权范围内的国外引种检疫审批和省间调运应施检疫的植物、植物产品的检疫手续,监督检查引种单位进行消毒处理和隔离试种;7.在车站、机场、港口、仓库及其他有关场所执行植物检疫任务。

第9条规定:农业植物检疫范围包括粮、棉、油、麻、桑、茶、糖、菜、烟、果(干果除外)、药材、花卉、牧草、绿肥、热带作物等植物、植物的各部分,包括种子、块根、块茎、球茎、鳞茎、接穗、砧木、试管苗、细胞繁殖体等繁殖材料,以及来源于上述植物、未经加工或者虽经加工但仍有可能传播疫情的植物产品。全国植物检疫对象和应施检疫的植物、植物产品名单,由农业部统一制定;各省、自治区、直辖市补充的植物检疫对象和应施检疫的植物、植物产品名单,由各省、自治区、直辖市农业主管部门制定,并报农业部备案。

6.北京市农业植物检疫办法

2013年4月11日北京市人民政府第6次常务会议审议通过《北京市农业植物检疫办法》(以下简称《农业植物检疫办法》),自2013年7月1日起施行。《农业植物检疫办法》是根据《植物检疫条例》,结合北京实际情况制定的具体办法,《农业植物检疫办法》包括34条规定,是北京植物检疫机构开展工作的重要依据。

第4条规定:……市和区、县农业行政部门主管本行政区域内农业植物检疫工作;市和区、县农业行政部门所属的农业植物检疫机构具体承担农业植物检疫工作……

第6条规定:农业植物检疫机构应当配备一定数量的专职农业植物检疫员,设立检疫检验实验室和必要的隔离种植场所,配备相应的农业植物检疫工作设备和除害处理设施,组织开展先进适用的农业植物检疫技术的研究和推广。

根据工作需要,农业植物检疫机构可以按照规定聘请兼职检疫员协助开展农业植物检疫工作。

第8条规定:对于在本市繁育的,用于试验、示范或者推广的农作物种子、苗木和其他繁殖材料,繁育单位或者个人应当到繁育基地所在区、县农业植物检疫机构申请产地检疫;检疫合格的,核发产地检疫证明。

凭产地检疫证明,农作物种子、苗木和其他繁殖材料可以在本市行政区域内调运。

第16条规定:农业植物检疫机构应当建立健全监测网络,设置疫情监测点;根据农业植物检疫性有害生物发生规律,开展对农业植物检疫性有害生物的日常监测和定期调查。

农业植物检疫性有害生物日常监测和定期调查方案由市农业植物检疫机构统一制定,报市农业行政部门备案。

7.北京市实施《中华人民共和国农业技术推广法》办法

1995年6月8日,北京市第十届人民代表大会常务委员会第十七次会议通过了《北京市实施〈中华人民共和国农业技术推广法〉办法》(以下简称《办法》),《办法》共五章三十条,是根据《中华人民共和国农业技术推广法》,结合北京实际情况制定的办法,《办法》对全市农业技术推广体系、农业技术的推广与应用、农业技术推广的保障措施等做了规定,尤其是在稳定农业技术推广机构和人员队伍,明确工作职能等方面做了相关规定。

第6条规定:市和郊区区县应当设立农业、林业、畜牧业、渔业、水利、农机、经营管理等农业技术推广机构。

乡、镇应当设立农业、林业、畜牧业、水利、农机、经营管理等农业技术推广机构,渔业技术推广机构的设立,由区、县人民政府决定。

各级人民政府应当保证农业技术推广机构的稳定,不得擅自撤销、合并或者改变机构性质,违反的,由上级人民政府予以纠正。

第 7 条规定:乡、镇以上(含乡、镇)农业技术推广机构为国家事业单位。

下级农业技术推广机构受上级农业技术推广机构的业务指导。

第 12 条规定:农业科研单位、有关学校、科学技术协会,应当配合农业技术推广机构开展实用技术培训、科普宣传、成果展示等形式的活动,为农村集体经济组织和农业劳动者从事生产经营活动提供技术服务和信息咨询。

鼓励和支持农业集体经济组织、企业、事业单位和其他社会力量,在农业技术推广中发挥作用。

第 13 条规定:各级农业技术推广机构应当制定农业技术推广项目计划,经同级农业技术推广行政部门批准后实施。重点农业技术推广项目应当列入同级人民政府科技发展计划,并下达实施。

列入计划的农业技术推广项目所需经费,在农业技术推广资金或者科技经费中列支。

第 16 条规定:农业科研单位和有关学校研究的新品种、新技术、新成果,可以通过农业技术推广机构推广,也可以由该农业科研单位、学校直接推广,推广方应当接受当地农业技术推广行政部门的管理。

第二节　相关法律法规

1.《中华人民共和国食品安全法》

食品安全问题是公众关注的热点问题之一,近几年,我国出现了一些食品安全事件,给食品行业造成了一些负面影响,为完善监管,中华人民共和国第十二届全国人民代表大会常务委员会第十四次会议于 2015 年 4 月 24 日修订通过了《中华人民共和国食品安全法》(以下简称

《食品安全法》），自 2015 年 10 月 1 日起施行。

被称为"史上最严"的《食品安全法》共十章一百五十四条，分别对食品安全风险监测和评估、食品安全标准、食品生产经营、食品生产经营、食品进出口、食品安全事故处置、监督管理、法律责任做了规定，其中，直接或间接与植物保护工作相关的规定包括：

第 2 条规定：在中华人民共和国境内从事下列活动，应当遵守本法：……（六）对食品、食品添加剂、食品相关产品的安全管理。供食用的源于农业的初级产品（以下称食用农产品）的质量安全管理，遵守《中华人民共和国农产品质量安全法》的规定。但是，食用农产品的市场销售、有关质量安全标准的制定、有关安全信息的公布和本法对农业投入品作出规定的，应当遵守本法的规定。

第 11 条规定：……国家对农药的使用实行严格的管理制度，加快淘汰剧毒、高毒、高残留农药，推动替代产品的研发和应用，鼓励使用高效低毒低残留农药。

第 26 条规定：食品安全标准应当包括下列内容：（一）食品、食品添加剂、食品相关产品中的致病性微生物，农药残留、兽药残留、生物毒素、重金属等污染物质以及其他危害人体健康物质的限量规定；……

第 49 条规定：食用农产品生产者应当按照食品安全标准和国家有关规定使用农药、肥料、兽药、饲料和饲料添加剂等农业投入品，严格执行农业投入品使用安全间隔期或者休药期的规定，不得使用国家明令禁止的农业投入品。禁止将剧毒、高毒农药用于蔬菜、瓜果、茶叶和中草药材等国家规定的农作物。

食用农产品的生产企业和农民专业合作经济组织应当建立农业投入品使用记录制度。

县级以上人民政府农业行政部门应当加强对农业投入品使用的监督管理和指导，建立健全农业投入品安全使用制度。

第 123 条规定：……违法使用剧毒、高毒农药的，除依照有关法律、法规规定给予处罚外，可以由公安机关依照第一款规定给予拘留。

2.《中华人民共和国环境保护法》

2014 年 4 月 24 日第十二届全国人民代表大会常务委员会第八次会议修订《中华人民共和国环境保护法》,自 2015 年 1 月 1 日起施行。

第 33 条规定:各级人民政府应当加强对农业环境的保护,促进农业环境保护新技术的使用,加强对农业污染源的监测预警,统筹有关部门采取措施,防治土壤污染和土地沙化、盐渍化、贫瘠化、石漠化、地面沉降以及防治植被破坏、水土流失、水体富营养化、水源枯竭、种源灭绝等生态失调现象,推广植物病虫害的综合防治。

第 49 条规定:各级人民政府及其农业等有关部门和机构应当指导农业生产经营者科学种植和养殖,科学合理施用农药、化肥等农业投入品,科学处置农用薄膜、农作物秸秆等农业废弃物,防止农业面源污染。

禁止将不符合农用标准和环境保护标准的固体废物、废水施入农田。施用农药、化肥等农业投入品及进行灌溉,应当采取措施,防止重金属和其他有毒有害物质污染环境。

第 63 条规定:企业事业单位和其他生产经营者有下列行为之一,尚不构成犯罪的,除依照有关法律法规规定予以处罚外,由县级以上人民政府环境保护主管部门或者其他有关部门将案件移送公安机关,对其直接负责的主管人员和其他直接责任人员,处十日以上十五日以下拘留;情节较轻的,处五日以上十日以下拘留:(一)建设项目未依法进行环境影响评价,被责令停止建设,拒不执行的;(二)违反法律规定,未取得排污许可证排放污染物,被责令停止排污,拒不执行的;(三)通过暗管、渗井、渗坑、灌注或者篡改、伪造监测数据,或者不正常运行防治污染设施等逃避监管的方式违法排放污染物的;(四)生产、使用国家明令禁止生产、使用的农药,被责令改正,拒不改正的。

3.《中华人民共和国大气污染防治法》

中华人民共和国第十二届全国人民代表大会常务委员会第十六次会议于 2015 年 8 月 29 日修订通过《中华人民共和国大气污染防治

法》,自 2016 年 1 月 1 日起施行。

第 119 条规定:违反本法规定,在人口集中地区对树木、花草喷洒剧毒、高毒农药,或者露天焚烧秸秆、落叶等产生烟尘污染的物质的,由县级以上地方人民政府确定的监督管理部门责令改正,并可以处五百元以上二千元以下的罚款。

4.《中华人民共和国水污染防治法》

中华人民共和国第十届全国人民代表大会常务委员会第三十二次会议于 2008 年 2 月 28 日修订通过《中华人民共和国水污染防治法》,自 2008 年 6 月 1 日起施行。

第 3 条规定:水污染防治应当坚持预防为主、防治结合、综合治理的原则,优先保护饮用水水源,严格控制工业污染、城镇生活污染,防治农业面源污染,积极推进生态治理工程建设,预防、控制和减少水环境污染和生态破坏。

第 47 条规定:使用农药,应当符合国家有关农药安全使用的规定和标准。

运输、存贮农药和处置过期失效农药,应当加强管理,防止造成水污染。

第 48 条规定:县级以上地方人民政府农业主管部门和其他有关部门,应当采取措施,指导农业生产者科学、合理地施用化肥和农药,控制化肥和农药的过量使用,防止造成水污染。

第 63 条规定:国务院和省、自治区、直辖市人民政府根据水环境保护的需要,可以规定在饮用水水源保护区内,采取禁止或者限制使用含磷洗涤剂、化肥、农药以及限制种植养殖等措施。

5.《中华人民共和国清洁生产促进法》

中华人民共和国第九届全国人民代表大会常务委员会第二十八次会议于 2002 年 6 月 29 日通过《中华人民共和国清洁生产促进法》,自 2003 年 1 月 1 日起施行。

第22条规定：农业生产者应当科学地使用化肥、农药、农用薄膜和饲料添加剂，改进种植和养殖技术，实现农产品的优质、无害和农业生产废物的资源化，防止农业环境污染。

禁止将有毒、有害废物用作肥料或者用于造田。

6.《北京市水污染防治条例》

2010年11月19日北京市第十三届人民代表大会常务委员会第二十一次会议通过施行了《北京市水污染防治条例》。

第50条规定：本市鼓励种植业通过推行测土配方施肥、病虫害生物防治等措施，提高肥料使用效率，合理使用有机肥和化肥，减少化学农药施用量，防止污染水环境。

第三节　政策措施

1.《中共中央　国务院关于加快推进生态文明建设的意见》

2015年4月25日中共中央　国务院发布了《关于加快推进生态文明建设的意见》（中发〔2015〕12号）。

第15条提出：全面推进污染防治。按照以人为本、防治结合、标本兼治、综合施策的原则，建立以保障人体健康为核心、以改善环境质量为目标、以防控环境风险为基线的环境管理体系，健全跨区域污染防治协调机制，加快解决人民群众反映强烈的大气、水、土壤污染等突出环境问题……

2.《大气污染防治行动计划》

2013年9月10日国务院印发了《大气污染防治行动计划》。

第9条提出：全面推行清洁生产……推进非有机溶剂型涂料和农药等产品创新，减少生产和使用过程中挥发性有机物排放。积极开发缓释肥料新品种，减少化肥施用过程中氨的排放。

3.《水污染防治行动计划》

2015 年 4 月 2 日国务院印发了《水污染防治行动计划》。

第 3 条提出：控制农业面源污染。制定实施全国农业面源污染综合防治方案。推广低毒、低残留农药使用补助试点经验，开展农作物病虫害绿色防控和统防统治……到 2020 年，测土配方施肥技术推广覆盖率达到 90％以上，化肥利用率提高到 40％以上，农作物病虫害统防统治覆盖率达到 40％以上；京津冀、长三角、珠三角等区域提前一年完成。

第 12 条提出：攻关研发前瞻技术……加强水生态保护、农业面源污染防治、水环境监控预警、水处理工艺技术装备等领域的国际交流合作。

4.《土壤污染防治行动计划》

2016 年 5 月 28 日国务院印发了《土壤污染防治行动计划》。

第 4 条提出：加快推进立法进程。配合完成土壤污染防治法起草工作。适时修订污染防治、城乡规划、土地管理、农产品质量安全相关法律法规，增加土壤污染防治有关内容。2016 年底前，完成农药管理条例修订工作，发布污染地块土壤环境管理办法、农用地土壤环境管理办法。2017 年底前，出台农药包装废弃物回收处理、工矿用地土壤环境管理、废弃农膜回收利用等部门规章。到 2020 年，土壤污染防治法律法规体系基本建立。各地可结合实际，研究制定土壤污染防治地方性法规。

第 8 条提出：切实加大保护力度……农村土地流转的受让方要履行土壤保护的责任，避免因过度施肥、滥用农药等掠夺式农业生产方式造成土壤环境质量下降。各省级人民政府要对本行政区域内优先保护类耕地面积减少或土壤环境质量下降的县（市、区），进行预警提醒并依法采取环评限批等限制性措施。

第 11 条提出：加强林地草地园地土壤环境管理。严格控制林地、草地、园地的农药使用量,禁止使用高毒、高残留农药。完善生物农药、引诱剂管理制度,加大使用推广力度。优先将重度污染的牧草地集中区域纳入禁牧休牧实施范围。加强对重度污染林地、园地产出食用农(林)产品质量检测,发现超标的,要采取种植结构调整等措施。

第 19 条提出:控制农业污染。合理使用化肥农药。鼓励农民增施有机肥,减少化肥使用量。科学施用农药,推行农作物病虫害专业化统防统治和绿色防控,推广高效低毒低残留农药和现代植保机械。加强农药包装废弃物回收处理,自 2017 年起,在江苏、山东、河南、海南等省份选择部分产粮(油)大县和蔬菜产业重点县开展试点;到 2020 年,推广到全国 30% 的产粮(油)大县和所有蔬菜产业重点县。推行农业清洁生产,开展农业废弃物资源化利用试点,形成一批可复制、可推广的农业面源污染防治技术模式。严禁将城镇生活垃圾、污泥、工业废物直接用作肥料。到 2020 年,全国主要农作物化肥、农药使用量实现零增长,利用率提高到 40% 以上,测土配方施肥技术推广覆盖率提高到 90% 以上。

5.《农业资源与生态环境保护工程规划(2016—2020 年)》

2016 年 12 月 30 日,农业部发布了《农业资源与生态环境保护工程规划(2016—2020 年)》(以下简称《规划》),《规划》是依据《全国农业现代化规划(2016—2020 年)》《全国农业可持续发展规划(2015—2030年)》《农业环境突出问题治理总体规划(2014—2018 年)》《全国生态保护与建设规划(2013—2020 年)》等规划,针对全国农业资源与生态环境保护具体问题制订的发展规划。

《规划》提出四项保护目标,在“资源过度开发的趋势得到初步遏制”中提出:“力争耕地重度污染面积不扩大,土壤清洁率达到 80% 以上。基本实现农业‘一控两减三基本’目标,农田灌溉水有效利用系数超过 0.55,主要农作物化肥、农药利用率达到 40%,农膜回收率达到 80%,养殖废弃物综合利用率达到 75%。”

《规划》提出八项重点任务,在"(二)推进农业投入品减量使用"中提出"……继续实施农作物病虫害专业化统防统治和绿色防控,推广高效低风险农药、高效现代植保机械。……到'十三五'末,主要农作物测土配方施肥技术推广覆盖率达到 90％以上,绿色防控覆盖率达到 30％以上,努力实现化肥农药零增长。"在"(七)加强外来生物入侵防控"中提出"开展外来入侵生物综合防控,重点以薇甘菊、黄顶菊、福寿螺、水花生等重大农业外来入侵物种为对象,建立农业外来入侵生物监测预警体系、风险性分析和远程诊断系统,建设综合防治和利用示范基地,推广生物防治、人工和机械防治、化学防治技术,建设外来入侵生物天敌繁育基地,有效遏制重大外来入侵生物的扩散和蔓延。"

《规划》提出十项重点工程,在"(七)农业投入品减量化工程"中提出"在东北、黄淮海、长江中下游、华南、西南、西北等地区深入实施化肥农药使用量零增长行动,……继续实施农作物病虫害专业化统防统治补贴项目、小麦'一喷三防'补贴项目,启动绿色防控示范项目,主要农作物病虫害生物、物理防治覆盖率达到 30％以上,农作物病虫害专业化统防统治覆盖率达到 40％以上。……推广高效低风险农药、高效现代植保机械……";在"(八)外来入侵生物综合防控工程"中提出"选择豚草、紫茎泽兰、飞机草、水花生、水葫芦、薇甘菊、大米草、少花蒺藜草、刺萼龙葵等重大外来有害入侵生物高发的区域,建设 100 个外来入侵生物综合防控示范区,50 个生物天敌繁育基地。综合防控示范区主要建设外来入侵物种生态拦截带,配套灭除设施、防控药物、器械库以及相关运输工具,建设天敌繁育温室(天敌原种饲养)、网室(天敌饲养)、饲料配制及储存室以及日常管护设施和监测设备等。生物天敌繁育基地主要建设天敌繁育温室(天敌原种饲养)、网室(天敌饲养)、储存室以及日常管护设施和监测设备等。"

6.《农业部办公厅关于推进农作物病虫害绿色防控的意见》

为进一步推进农作物病虫害绿色防控工作,2011 年 5 月 17 日,农业部根据农产品质量安全工作的总体部署,发布了《农业部办公厅关于推进农作物病虫害绿色防控的意见》(农办农〔2011〕54号)(以下简称《意见》),《意见》包括四点意见,提出了全国推进农作物病虫害绿色防控的指导思想、主要原则和目标任务,并要求"各级农业行政部门要把推进农作物病虫害绿色防控工作列入重要议事日程,加强领导,大力支持,积极推进。"《意见》的发布有力地推动了全国植保系统的绿色防控各项工作,对于促进整个植保行业的变革发展意义重大。

《意见》提出:"农作物病虫害绿色防控,是指采取生态调控、生物防治、物理防治和科学用药等环境友好型措施控制农作物病虫危害的植物保护措施。推进绿色防控是贯彻"预防为主、综合防治"植保方针,实施绿色植保战略的重要举措。"另外,《意见》还提出四项主推绿色防控技术,即"生态调控技术"、"生物防治技术"、"理化诱控技术"、"科学用药技术"。

7.《农业部关于打好农业面源污染防治攻坚战的实施意见》

2015年4月10日,农业部发布了《关于打好农业面源污染防治攻坚战的实施意见》(农科教发〔2015〕1号)

第3条提出:明确打好农业面源污染防治攻坚战的工作目标。力争到2020年农业面源污染加剧的趋势得到有效遏制,实现"一控两减三基本"。"一控",即严格控制农业用水总量,大力发展节水农业,确保农业灌溉用水量保持在3 720亿米^3,农田灌溉水有效利用系数达到0.55;"两减",即减少化肥和农药使用量,实施化肥、农药零增长行动,确保测土配方施肥技术覆盖率达90%以上,农作物病虫害绿色防控覆盖率达30%以上,肥料、农药利用率均达到40%以上,全国主要农作物化肥、农药使用量实现零增长;"三基本",即畜禽粪便、农作物秸秆、农膜基本资源化利用,大力推进农业废弃物的回收利用,确保规模畜禽养殖场(小区)配套建设废弃物处理设施比例达75%以上,秸秆综合利用率达85%以上,农膜回收率达80%以上。农业面源污染监测网络常态化、制度化运行,农业面源污染防治模式和运行机制基本建立,农业资源环境对农业可持续发展的支撑能力明显提高,农业生态文明程度明显提高。

第6条提出:实施农药零增长行动。建设自动化、智能化田间监测网点,构建病虫监测预警体系。加快绿色防控技术推广,因地制宜集成推广适合不同作物的技术模式;选择"三品一标"农产品生产基地,建设一批示范区,带动大面积推广应用绿色防控措施。提升植保装备水平,发展一批反应快速、服务高效的病虫害专业化防治服务组织;大力推进专业化统防统治与绿色防控融合,有效提升病虫害防治组织化程度和科学化水平。扩大低毒生物农药补贴项目实施范围,加速生物农药、高效低毒低残留农药推广应用,逐步淘汰高毒农药。

第11条提出:大力推进农业清洁生产。加快推广科学施肥、安全用药、绿色防控、农田节水等清洁生产技术与装备,改进种植和养殖技术模式,实现资源利用节约化、生产过程清洁化、废物再生资源化。在"菜篮子"主产县全面推行减量化生产和清洁生产技术,提高优质安全农产品供给能力。进一步加大尾菜回收利用、畜禽清洁养殖、地膜回收利用等为载体的农业清洁生产示范建设支持力度,大力推进农业清洁生产示范区建设,积极探索先进适用的农业清洁生产技术模式。建立完善农业清洁生产技术规范和标准体系,逐步构建农业清洁生产认证制度。

第15条提出:大力培育新型治理主体。大力发展农机、植保、农技和农业信息化服务合作社、专业服务公司等服务性组织,构建公益性服务和经营性服务相结合、专项服务和综合服务相协调的新型农业社会化服务体系。采取财政扶持、税收优惠、信贷支持等措施,加快培育多种形式的农业面源污染防治经营性服务组织,鼓励新型治理主体开展畜禽养殖污染治理、地膜回收利用、农作物秸秆回收加工、沼渣沼液综合利用、有机肥生产等服务。探索开展政府向经营性服务组织购买服务机制和PPP模式创新试点,支持具有资质的经营性服务组织从事农业面源污染防治。鼓励农业产业化龙头企业、规模化养殖场等,采用绩效合同服务等方式引入第三方治理,实施农业面源污染防治工程整体式设计、模块化建设、一体化运营。

8.农业部《到2020年农药使用量零增长行动方案》

2015年2月17日,农业部发布了《关于印发〈到2020年化肥使用量零增长行动方案〉和〈到2020年农药使用量零增长行动方案〉的通知》(农农发〔2015〕2号)。其中,《到2020年农药使用量零增长行动方案》(以下简称《方案》)是指导全国农药使用量减量工作,推进农业生产安全、农产品质量安全和生态环境安全的重要政策保障。

《方案》确定了农药使用量零增长的目标任务,即"到2020年,初步建立资源节约型、环境友好型病虫害可持续治理技术体系,科学用药水平明显提升,单位防治面积农药使用量控制在近三年平均水平以下,力争实现农药使用总量零增长"。具体指标是"绿色防控:主要农作物病虫害生物、物理防治覆盖率达到30%以上、比2014年提高10个百分点,大中城市蔬菜基地、南菜北运蔬菜基地、北方设施蔬菜基地、园艺作物标准园全覆盖;统防统治:主要农作物病虫害专业化统防统治覆盖率达到40%以上、比2014年提高10个百分点,粮棉油糖等作物高产创建示范片、园艺作物标准园全覆盖;科学用药:主要农作物农药利用率达到40%以上、比2013年提高5个百分点,高效低毒低残留农药比例明显提高。"

《方案》提出了农药减量工作的技术路径,即"控、替、精、统",其中,"控",即是控制病虫发生危害;"替",即是高效低毒低残留农药替代高毒高残留农药、大中型高效药械替代小型低效药械;"精",即是推行精准科学施药;"统",即是推行病虫害统防统治。"控、替、精、统"是农药减量工作的具体技术措施,2016年,北京依据"控、替、精、统"技术措施,开展了农药减量试验示范工作,取得了明显成效。

9.《北京市水污染防治工作方案》

2015年12月22日北京市人民政府印发了《北京市水污染防治工作方案》。

第3条提出：制定实施农业面源污染综合防治方案，积极开展农作物病虫害绿色防控，大力推广使用低毒、低残留农药，全面推广科学施肥技术，引导农民施用配方肥、缓释肥，加快实现水肥一体化利用。到2019年，全市农作物病虫统防统治覆盖率达到40％以上，生态涵养发展区全部施用环境友好型农药，全市化肥利用率提高到40％以上；到2020年，全市农药利用率提高到45％以上，化学农药施用量减少15％以上，全市测土配方施肥技术物化落地率提高到98％以上，全市化肥施用量降低20％以上。

第33条提出：加大财政资金投入，并积极争取中央财政资金支持，以奖励、补贴、贴息等形式，重点支持饮用水水源保护、污水处理、污泥处理处置、河湖生态补水、河道整治、畜禽养殖污染防治、水生态修复、应急清污、水环境监测网络建设等项目。对环境监管、环境风险防范能力建设及运行费用予以必要保障。加大对节水设备产品、有机肥、污泥衍生产品和低毒低残留农药使用的资金支持力度。凡征收的城镇污水处理费不能满足污水处理厂正常运行需要的，应及时调整收费标准，不足部分可由公共财政予以补贴。政府资金使用方向要逐步从"补建设"向"补运营"转变。

10.《北京市土壤污染防治工作方案》

2016年12月24日北京市人民政府印发了《北京市土壤污染防治工作方案》。

第7条提出：……加强饮用水水源地农业污染防治。2017年底前，组织制定区级及以上集中式饮用水水源地农业污染防治工作方案，进一步优化水源地农业种植结构，加强农业投入品质量监管，减少农药化肥施用量，防止土壤环境污染。

第 10 条:控制农业污染。科学施用农药化肥。全面禁止施用列入国家名录的高毒、高残留农药,推行农作物病虫害专业化统防统治和绿色防控,推广高效低毒低残留农药和精准高效植保机械。……到 2019 年,全市农作物病虫害统防统治覆盖率达到 40% 以上,生态涵养发展区全部施用环境友好型农药,化肥利用率提高到 40% 以上。到 2020 年,全市农药利用率提高到 45% 以上,化学农药施用量减少 15% 以上,测土配方施肥技术物化落地率提高到 98% 以上,化肥施用量降低 20% 以上。

加强农药包装、农膜等农业废弃物回收处理。自 2017 年起,在大兴、通州、顺义等蔬菜生产重点区开展试点并逐步推广。

第 26 条:加强设施农业用地土壤环境管理。严格控制农药施用量,完善生物农药、引诱剂管理制度。建立有机肥重金属含量、施肥土壤重金属污染、农产品质量协同监测与评价机制。加强生产食用农产品质量检测,发现超标的,应采取种植结构调整等措施。

11.《北京市"十三五"时期都市现代农业规划》

2016 年 11 月 24 日,北京市农村工作委员会、北京市发展和改革委员会、北京市农业局联合发布了《关于印发〈北京市"十三五"时期都市现代农业发展规划〉的通知》(京政农发〔2016〕31 号)。

《北京市"十三五"时期都市现代农业规划》(以下简称《规划》)明确了全市农业在"十三五"期间的总体布局和发展规划,同时也对植保工作提出了具体目标和任务。

《规划》在"具体目标"中涉及植保工作的内容包括:"化肥、化学农药施用量实现负增长,农用化肥和化学农药利用率分别提高到 40% 和 45%"、"动植物疫病防控实现联防联控,提升应急与处置能力"。

《规划》提出六条主要任务,其中两条任务和植保工作直接相关:

(1)"(二)建立健全都市现代农业生态保护体系。……深化京津冀农业生态建设合作,在生态农业园区创建、农业清洁生产、病虫害统防统治、秸秆禁烧、增殖放流、水生野生动物保护等方面展开广泛合作，逐步实现京津冀生态农业建设的一体化、长期化。"

（2）"（五）建立健全现代农业安全保障体系。加强农产品质量安全监管体系建设，强化农产品质量安全检验检测和对农产品生产主体的监管，提升农业生产主体质量安全源头控制能力，大力推进农业标准化生产，实施农产品质量追溯制度，深化'三品'认证，提升农产品质量安全水平。完善动植物疫病防控体系，提升动植物疫病预防控制、检疫、疫情应急处置、外来物种入侵防范等方面的能力……"

《规划》提出十项重点工程，其中四项工程和植保工作直接相关：

（1）在"（二）生态农业建设工程"中，"2.防治农业面源污染。……在化学农药减施方面，逐步淘汰剧毒高毒农药，大力推进生物防治、促进专业化统防统治与绿色防控融合，全市主要农作物病虫害专业化统防统治覆盖率达到40%、绿色防控覆盖率达到60%，化学农药利用率达到45%，生态涵养发展区全部施用环境友好型农药……"；"5.推动京津冀生态协同发展。在秸秆综合利用、畜禽粪污综合利用、有机肥生产、病虫害统防统治等领域开展技术交流与合作，针对京津冀范围内的面源污染防控，联合推广一批节肥、节药新技术，做好协同防控、协同治理；开展生态农业领域联合执法，实现信息互通，联防联治……"

（2）在"（五）现代安全农业建设工程"中，"2.强化动植物疫病防控。……全面推动完成各区重大动植物疫情应急机构和队伍建设，强化联防联动，切实做好应急预案、应急物资储备、做好隐患排查与预警分析研判，对重大动植物疫情应急防控和积极应对。……加快农作物病虫害远程视频会诊和农药管理，加强农药检验检测体系建设，加大植物疫情监测点运行管理。确保本市不发生区域性重大动植物疫情。"；"3.推进京津冀农业安全合作。努力推进统一标准化体系和检测结果互认，共享各类检测资源。完善区域农产品质量安全监管体系，加强对外埠进京农产品的检测，加强三地检测技术交流。创新风险预警和监测合作机制，建立农产品质量安全预警预报合作机制与安全风险预警会商制度。建立农产品质量安全信息共享平台,实现三地农产品质量安全检测信息的共享与交流。切实做好区域间重大动植物疫病联防联控,逐步实现京津冀动物防疫一体化,积极构建植物疫情及重大农业有害生物联防联控的工作机制,保障北京乃至区域内不发生重大动物疫情和重大动物产品质量安全事件……"

(3)在"(六)'互联网＋'农业建设工程"中,"1.推进智慧农业建设。以互联网为纽带,以物联网技术做依托,以大田、设施蔬菜标准园、农业生态园、规模化养殖场、农机智能装备等农业重点产业为应用对象,实现农业生产方式的精细化、精准化,用'数字'指导生产,转变农业生产方式,强化农业科技和装备支撑。提高物联网和互联网技术对农业生产、畜禽养殖、水产养殖、农业机械化的服务支撑,重点打造感知和控制体系建设。实现智能节水、生产环境精准调控、远程控制、质量安全全程监管、疫病防控等。做好农业产业相关数据的采集、研究,建设北京农业数据中心。"

(4)在"(八)都市现代农业服务支撑工程"中,"5.建立多元服务体系。稳定农业技术推广、动植物疫病防控、农产品质量安全等公益性服务组织,加快职能转型升级,健全公益性经费保障,创新服务机制,提高服务手段,着力改善基层服务人才结构;加快构建质量安全、价格合理、服务规范、监管有力的生产资料经营服务体系;围绕社会化服务的重点领域,大力发展动植物咨询问诊、农机具作业及维修保养、种苗繁育、生物防治、农产品推介、包装和品牌设计、仓储物流、农业废弃物无害化处理和循环利用等一批专业化服务公司,鼓励企业和服务组织通过直营、加盟、资本联合等方式,加快推广合作式、承包式、订单式、代理式、保姆托管式、政府购买服务等服务模式。"

12.《北京市到 2020 年农药使用减量行动方案》

2016 年 10 月 12 日北京市农业局发布了《关于印发〈北京市到 2020 年农药使用减量行动方案〉的通知》(京农发〔2016〕191 号)。

　　《北京市到 2020 年农药使用减量行动方案》(以下简称《方案》)是根据农业部《到 2020 年农药使用量零增长行动方案》,结合北京实际情况制定的农药使用减量工作实施方案,《方案》确定了工作实施的指导思想、目标任务和保障措施,是全市各级农业主管部门和植保机构落实化学农药减量工作的指导依据。

　　《方案》提出,我市农药使用减量行动的目标是"到 2020 年,全市农田化学农药使用总量明显减少,总量减至 500 吨,比 2015 年减少 14％左右。农药利用率达 45％,绿色防控覆盖率达 60％以上,统防统治覆盖率达 45％以上,农产品质量农药残留检测合格率达 98％以上。农业(农药)面源污染得到有效控制,生态环境得到明显改善"。另外,《方案》明确了六大任务,即"切实提高病虫监测预警能力、持续增强植物疫情防控能力、加快推进病虫绿色防控技术体系、有效提升科学安全用药水平、大力推进植保专业化统防统治、深入强化植保法制建设"。

附录 1

2014 年北京市低毒低残留农药使用 现状及农民需求调研

——调研提纲

近年来,随着人民生活水平的提高,农药安全使用与农产品质量安全问题受到了各级领导、各界群众的广泛关注。2014 年中央一号文件进一步强调"要促进生态友好型农业发展",在新时期、新形势、新要求下,及时调研摸清北京农药使用现状及农民需求,有针对性地创新农药补贴机制,提出政策导向意见,进一步做好推广服务指导,已经成为亟须开展的重要工作。

一、调研思路

1. 调研对象

全市农业区县的农户、种植大户、合作社;

2. 调研目的

通过本次调研要摸清目前我市低毒、中毒、高毒农药的使用现状,了解农民、种植大户、合作社在粮经作物、蔬菜作物、果树上使用农药的现实需求,挖掘阻碍我市低毒低残农药进一步推广应用的瓶颈,最终要提出有针对性的农药补贴探索模式与政策导向意见,另外,要根据调研结果提出农药使用、推广、管理方面的意见与建议。

3.调研方法

本次调研采取问卷调查、现场调查与访谈的方法开展。针对具有统计意义的数据采用 Excel 与 SPSS 软件分析处理,重要统计结果以柱状图、饼形图的方式呈现。

二、调研主要内容与指标

1.问卷调查

问卷调查将以客观内容为考察目标,概括了解调研对象种植作物种类、种植面积、防治成本、农药购买渠道、调研对象对低毒、低残农药的使用意愿、对农药的认知及使用状况等客观内容(详见调查问卷)。

2.现场座谈

座谈主要针对问卷调查无法保证客观的内容进行现场询问,主要了解农户、种植大户、合作社的农药使用情况、现实需求,以及对植保站工作、农药补贴品种与工作机制的意见建议(详见现场调查与访谈问题)。

3.现场调查

现场调查主要是通过实际走访调研对象的农药库以及农田,客观了解调研对象的农药使用品种,是否存在中毒、高毒农药使用情况,是否存在重大农药使用错误,及可能存在危害农户身体健康与农产品安全的错误用药与操作方式(详见现场调查与访谈问题)。

三、考核指标

完成“2014 年北京市低毒低残留农药使用现状及农民需求调研”调研报告。

四、调研报告框架结构

第一部分,综述北京低毒低残留农药使用现状及农民需求。客观描述不同区、种植不同作物的农户、种植大户、合作社的防治成本、农药购买渠道、低毒低残农药的使用意愿、农药的认知及使用状况等内容。

第二部分,探讨北京农药使用中亟待解决的问题。

第三部分,对北京农药补贴机制、农药使用、推广、管理提出意见与建议并开展讨论。

北京市低毒低残留农药使用现状及农民需求调研

——调查问卷

北京市植物保护站

问卷填答说明：

1.请您将所选择的选项前面的字母写在题目后面的_____上,如选择"其他",请在后面的横线上注明。

2.如无特别说明,问题回答为多选题。

一、调查对象基本情况

1.调查对象基本信息

姓名:_____ 年龄_____ 电话_____

地址:_____（区、县）_____（乡、镇）_____村

学历:小学及以下 □ 初中 □ 高中及以上 □

2.被访者类型:_____（请选择1项）

A.散户 B.种植大户 C.合作社 D.京外人员租种

3.家庭收入主要来源:农业种植 □ 其他 □,每年农业收入:

A.5千元以下 B.5千至2万元

C.2万~5万元 D.5万元以上

4.您主要种植的作物、面积及生产成本：

作物		面积(亩)	用药成本 （元/年）	总生产成本 （元/年）
粮食	小麦			
	玉米			
	甘薯			
蔬菜	大棚蔬菜			
	露地蔬菜			
果树	苹果			
	桃			
	其他			
经济作物	西甜瓜			
	草莓			
	其他			

二、购买农药基本情况

5.您是从哪里了解到农药品种信息的？

A.农药销售人员推荐　　　B.农技员（植保技术人员）推荐

C.全科农技员推荐　　　　D.左右邻居、亲友介绍

E.电视、广告宣传

6.您一般在什么地方购买农药？

A.农药连锁店　　　　B.农资店　　　C.从企业直接购买

D.流动商贩　　　　　E. 京外购买

7.您在购买农药时，最关注什么？

A.品牌　　B.效果　　C.价格　　　D. 使用时对人是否安全

E.是否有农药残留　　　F.使用时是否方便

8.您知道什么是低毒低残留农药吗？_____（单选题）

A.知道　　　B.不知道　　　C.大概知道

9.您使用过低毒低残留农药吗？_____（单选题）

A.用过　　　B.没用过　　　C.不知道用没用过

10.您愿意使用低毒低残留农药吗？_____（单选题）

A.愿意　　　B.不愿意　　　C.不确定

11.您不使用低毒生物农药的原因是什么？

A.价钱贵　　B.使用起来比较麻烦　　C.防治效果不好

D.不知道去哪儿买

12.您用过政府补贴发放（销售）的农药或天敌吗？____（单选题）

A.用过　　　B.没有用过　　　C.不清楚

13.您认为政府补贴发放的农药或天敌在您的生产中发挥了多大作用？_____（单选题）

A.很大　　　B.作用不大　　　C.没有作用

14.如果生物农药或天敌政府不补贴，您会购买使用吗？_____（单选题）

A.不会　　　B.会

三、农药使用过程基本情况

15.您一般什么时间喷施农药？_____（单选题）

A.预防为主，前期严格控制病虫草害发生　　B.有病虫草害就打药

C.看病虫草害的发生程度，根据经验用药　　D.跟着周边邻居打药

16.使用农药效果不好时您如何处理？_____

A.改换其他药剂　　B.加大使用剂量　　C.增加使用次数　　D.其他

17.在作物一年的生长周期内您使用几次农药：

作物	使用次数	使用农药种类	主要防治对象	用量
小麦				
玉米				
甘薯				
露地蔬菜				
大棚蔬菜				
苹果				
桃				
西甜瓜				
草莓				

施药间隔期：_____　A:3～4 天　B:5～7 天　C:8 天以上

18.您了解农药安全间隔期吗？_____（单选题）

A. 没注意过这个问题　　B.不了解　　C.了解　　D.其他

19.您一般喷药后多长时间开展采摘？_____

A. 当天采摘　　　B.1～3 天　　　C.4～6 天　　　D.7 天以上

20.您平时如何储存剩余农药？_____（单选题）

A. 随意堆放在家　　　　B. 置于家中隐蔽处

C.有专门的农药箱和仓库来存放农药

21.您在喷药过程中是否有过中毒或不适现象？_____（单选题）

A. 从来没有　　　　B.偶尔有　　　　C.经常有

四、农药安全性了解情况

22.您认为使用农药会造成哪些方面的危害？

A.疾病　　　　B.食物中毒　　　　C.水污染

D.土壤污染　　　E.空气污染

23. 近两年,您使用过下面哪些农药?

药剂	作物					
	甘蓝	黄瓜	其他蔬菜	苹果	桃	草莓
溴甲烷(溴代甲烷、甲基烷、溴灭泰)						
硫丹(硕丹、赛丹、韩丹、安杀丹、安杀番、安都杀芬)						
硫线磷(克线丹、丁线磷)						
灭多威(万灵、快灵、灭虫快、灭多虫、乙肟威、纳乃得)						
氧乐果(氧化乐果)						
灭线磷(益收宝、丙线磷、灭克磷、益舒宝、虫线磷)						
甲拌磷(3911)						
克百威(呋喃丹)						
涕灭威(铁灭克)						
甲基对硫磷(甲基1605)						
对硫磷(1605)						

24. 您是否参加过农药相关技术培训?＿＿＿＿＿＿（单选题）

A. 参加过　　　　B. 没参加过

25. 您自己能否区分高毒、中毒、低毒农药品种?＿＿＿＿＿（单选题）

A. 能　　　　B. 差不多　　　　C. 不能　　　　D. 其他

附录 3

赤眼蜂等绿色防控手段在全市的需求及开展情况调查问卷

调查问卷一：区县植保站填写

1.本区县绿色防控措施开展情况：

作物类别	总种植面积（亩）	绿色防控措施实施面积（亩）	主要绿色防控措施（重要措施请单独注明面积）	备 注
小麦				
玉米				
鲜食玉米				
花生				
甘薯				
中药材				
其他经济作物				

注：鲜食玉米一项请注明主要是合作社或种植大户姓名。

2.本区县在绿色防控措施（尤其是赤眼蜂、苏云金芽孢杆菌）应用中取得了哪些成效？

3.本区县在进一步推广绿色防控措施(尤其是赤眼蜂、苏云金芽孢杆菌)中遇到了哪些问题与挑战?

4.针对这些问题与挑战,本区县有哪些解决的意见与建议?

5.本区县在下一步推广粮经作物绿色防控技术(尤其是赤眼蜂、苏云金芽孢杆菌)中的发展思路是?

调查问卷二:农户或合作社填写

注:绿色防控措施是指替代化学农药在农产品种植中的使用,防治病虫害的发生,提高农产品质量的措施。主要包括施用苏云金芽孢杆菌、枯草芽孢杆菌、哈茨木霉菌、核型多角体病毒、印楝素、除虫菊素、儿茶素、小檗碱、苦参碱、香菇多糖、大黄素甲醚、波尔多液、矿物油、沼渣沼液、释放捕食螨、丽蚜小蜂,棚室内臭氧、辣根素消毒,悬挂黄板、蓝板,放置杀虫灯、性诱剂等。

第一部分:绿色防控措施总体调查

1.调查对象_____。

A.农户 B.合作社

2.您(或合作社)种植的主要是_____(粮食、经济作物、中药材),种植面积_____亩,每年植保所需费用(含人工费)_____元,一年种植的纯收入_____元。

3.您(或合作社)是否希望采用绿色防控手段进行病虫害防治_____(是或否)(选择是的请答第 4 题,跳过第 5 题,选择否的请跳过第 4 题,答第 5 题)。

4.您愿意选用绿色防控措施防治病虫害的原因是_____。

　　A.防治效果好　　　　　　　B.提高产品品质

　　C.生产无公害、有机产品　　D.其他

5.您不愿意选用绿色防控措施防治病虫害的原因是_____。

　　A.防治效果差　　　　　　　B.相对实用化学农药成本提高

　　C.购买渠道不便利　　　　　D.其他

6.您(或合作社)采用过下列哪些绿色防控措施_____(多选)。

　　A.放飞赤眼蜂　　B.施用苏云金芽孢杆菌　　C.枯草芽孢杆菌

　　D.捕食螨　　E 矿物油　　F.性诱剂　　G.其他

7.您(或合作社)获得上述绿色防控措施的主要消息渠道是_____。

　　A.农药商店介绍　　B.技术员或村内种植专业户介绍

　　C.网络上看到　　D.电视、报纸上看到　　E.朋友推荐

　　F.植保部门宣传介绍(农民田间学校、明白纸等)

8.通过您的亲自使用或周边朋友了解,您觉得上述措施的防治效果如何_____。

　　A.没有效果　　B.效果一般,不如化学农药　　C.效果很好

9.如果您(或合作社)未曾采用过任何一种绿色防控手段,通过您的信息渠道,您希望先试试哪种_____(多选)。

　　A.放飞赤眼蜂　　B.施用苏云金芽孢杆菌　　C.枯草芽孢杆菌

　　D.捕食螨　　E.矿物油　　F.性诱剂　　G.其他

10.如何您(或合作社)使用过苏云金芽孢杆菌、枯草芽孢杆菌、哈茨木霉菌,你是否曾将与农药混用_____(是或否)。

11.您(或合作社)希望在采取绿色防控手段防治病虫害时获得植保部门的哪些服务_____。

第二部分：玉米种植中放飞赤眼蜂调查

1.您(或合作社)觉得释放赤眼蜂每亩成本_____元可以接受(目前每亩6元)。

2.您(或合作社)是否了解赤眼蜂放飞的天气条件____(是或否)，在放飞2天内是否施用过化学农药____(是或否)。

3.您(或合作社)认为赤眼蜂放飞后对病虫害防治是否起到效果____(是或否)，对产量的提高是否起到效果____(是或否)。

4.您(或合作社)在应用赤眼蜂、苏云金芽孢杆菌防治害虫中希望植保部门提供哪些技术服务?

附录 4

北京市经济作物病虫发生及防治情况调查问卷

1.所在的区县＿＿＿＿＿＿＿＿。

2.本区县种植面积较大的农户、合作社或公司（名称、地址和种植作物及面积）

＿＿＿＿＿＿＿＿＿＿＿＿＿。

3.种植的经济作物有哪些？种植面积分别是多少亩？

A.甘薯＿＿＿＿＿＿　　　B.花生＿＿＿＿＿＿　　　C.大豆

D.谷子＿＿＿＿＿＿　　　E.马铃薯

F.中草药＿＿＿＿＿＿　　　G.其他＿＿＿＿＿＿。

4.（1）甘薯病虫草害发生面积（亩）？

A.甘薯茎线虫病＿＿＿＿＿＿　　　B.甘薯根腐病

C.甘薯黑斑病＿＿＿＿＿＿　　　D.地下害虫（蛴螬、金针虫、蝼蛄）

E.杂草＿＿＿＿＿＿　　　F.其他

（2）甘薯病虫害防治措施有哪些？

A.甘薯茎线虫病＿＿＿＿＿＿　　　B.甘薯根腐病

C.甘薯黑斑病　　　D.地下害虫（蛴螬、金针虫、蝼蛄）

E.杂草＿＿＿＿＿＿　　　F.其他

5.（1）花生病虫草害发生面积（亩）？

A.花生叶斑病（褐斑病、黑斑病、网斑病）

B.花生病毒病

C. 地下害虫（蛴螬、金针虫、蝼蛄）

D. 蚜虫_____　　　E. 叶螨

F. 棉铃虫　　　　　　　　　　　　G. 杂草

H. 其他

（2）花生病虫害防治措施有哪些？

A. 花生叶斑病（褐斑病、黑斑病、网斑病）

B. 花生病毒病

C. 地下害虫（蛴螬、金针虫、蝼蛄）

D. 蚜虫_____　　　E. 叶螨

F. 棉铃虫_____　　　G. 杂草

H. 其他

6.（1）大豆病虫草害发生面积（亩）？

A. 大豆锈病_____　　　B. 大豆蚜

C. 豆荚螟

D. 地下害虫（蛴螬、蝼蛄、金针虫、地老虎）

E. 大豆食心虫_____　　　F. 杂草

G. 其他

（2）大豆病虫害防治措施有哪些？

A. 大豆锈病_____　　　B. 大豆蚜

C. 豆荚螟

D. 地下害虫（蛴螬、蝼蛄、金针虫、地老虎）

E. 大豆食心虫_____　　　F. 杂草

G. 其他

7.（1）谷子病虫草害发生面积（亩）？

A. 谷子黑穗病_____　　　B. 谷子白发病

C. 地下害虫（蛴螬、蝼蛄、金针虫）

D. 杂草_____　　　F. 其他

(2)谷子病虫害防治措施有哪些?

A.谷子黑穗病   B.谷子白发病

C.地下害虫(蛴螬、蝼蛄、金针虫)

D.杂草_____   F.其他

8.(1)马铃薯病虫草害发生面积(亩)?

A.二十八星瓢虫   B.马铃薯晚疫病

C.马铃薯病毒病   D.其他

(2)马铃薯病虫害防治措施有哪些?

A.二十八星瓢虫   B.马铃薯晚疫病

C.马铃薯病毒病   D.其他

9.本区县其他种植面积较大的经济作物种植面积、病虫害种类、发生面积和防治措施?

10.本区县经济作物的销售渠道有哪些?

A.小贩   B.超市   C.菜市场   D.食品加工厂   F.其他

11.种植经济作物每亩年纯收入_____ 元,与粮食作物相比,农户种植经济作物的积极性_____(高或低),主要因是_____

12.本区县中草药的种植面积_____(亩)中草药病虫害种类、发生面积和防治措施有哪些?

13.本区县经济作物在病虫害防治上存在哪些困难与需求?

14.本区县经济作物在病虫害防治上有哪些亮点?

附录5

中药材生产用药现状
调查问卷(种植基地)

◆ **受访基地基本信息:**

名　　称:

经营模式:<u>政府或部门主管/协会主管/企业主管</u>

基地面积(亩):＿＿＿＿＿＿

中药材种植面积:＿＿＿＿＿＿

地　　址:

联系方式:

◆ **调查人员姓名:**

◆ **调查日期:**　　年　　月　　日

北京市植物保护站

一、中药材生产与病虫害发生情况

1. 与基地中药材种植有关的几个问题：

中药材种类	面积 （亩）	种植方式 （露地或大棚）	基地涉及 农户数	产品流向	用药次数 （整个生长期）	采收 次数

注：产品流向指京内制药企业、药材公司、京外（具体地点要作备注说明）。

2. 基地是中药材种植合作社或协作组成员吗？

3. 基地种的中药材一年投入农药成本_____元；一年的纯收入有_____元。

4. 哪些中药材上发生的病虫害严重？_____；哪些病虫害生产上难防治，用药多？_____。

5. 基地有专门的植保技术人员吗？_____；技术人员能辨认中药材上的病害和虫害吗？如果能，请说出几种病虫害的名称_____。

6. 影响基地中药材产量的原因主要是_____？

A. 病虫害　　　　B. 气候　　　　C. 栽培管理　　　　D. 其他

7. 基地都采取过_____手段防治病虫害？

A. 利用诱虫灯、黄板等物理手段　　B. 喷洒农药

C. 调整播种时间，错过病虫害发生高峰

D. 选择抗病品种　　E. 天敌

8. 如果基地应用过天敌防治病虫害，请写出几种用过的天敌种类。_____；天敌产品的来

源是:_____。

二、农药的使用

9.喷洒农药是基地最常用的防治病虫害的方法吗?

A.是　　　　　　B.不是　　　　　　C.大部分时候是

10.基地一般从_____购买农药?

A.农药店　　　B.厂家直销　　　C.流动摊贩　　　D.其他

11.基地在购买和使用农药时注意过农药毒性的高低吗?

A.注意　　　　　B.有时注意　　　　C.一般不注意

12.基地选购农药时主要看标签_____部分?

A.防治对象　　　B.农药名称及含量剂型

C.生产厂家　　　D.生产日期　　　E.熟悉的商标(原商品名)

13.基地是否会选择毒性高、见效快的农药?

A.会,因为效果好　　　B.不会,怕对人不安全

C.一般情况下不会,病虫害严重了会买一些来用

14.基地一般在什么情况下打药?

A.凭经验　　　B.见到病虫就打药　　　C.咨询农技人员

D.问卖农药的　　　E.看见别人打就跟着打

15.基地打药时,一般会_____。

A.每种农药分别喷洒　　　B.多种农药混在一起,一次喷洒

C.选用烟剂熏蒸,不轻易喷雾

16.现有的农药能有效防治中药材上的病虫害吗?

A.不能,药很多但效果不明显　　　B.能,但效果一般

C.效果非常好

17.买不到基地需要的农药时,该怎么办?

A.听经销商的推荐　　　B.别人用什么药,我就用什么药

C.凭经验,用其他类似病虫上使用的农药　　　D.不知道

18. 基地是怎么计算该用多少农药的？

A. 会计算，按标签用量折算一桶水（喷雾器）加多少药

B. 会计算，一般要高于标签上的量

C. 不会算，听经销商的　　　　　D. 凭经验用药

19. 当农药效果不好时基地会采取下列哪些措施？

A. 多打几次，加大用量　　　　B. 更换其他农药

C. 多种农药混合使用　　　　　D. 问农技人员

20. 基地一般间隔多长时间打一次农药？

A. 1～2 天　　　　　　　　B. 3～4 天

C. 7 天以上　　　　　　　　D. 视病虫害发生情况

21. 基地喜欢用哪种类型的农药？

A. 对水喷雾使用的　　　　　　　B. 颗粒剂撒施的

C. 只要省时省力，什么都行

D. 挑选使用起来对人影响小的　E. 其他

22. 基地愿意参加农药专业防治组织，花钱请专业人员打药吗？

A. 愿意，省工时、打药水平高

B. 不愿意，担心打药的人不负责，效果不好

C. 不愿意，自己能干，不想额外多掏钱

三、农药使用的安全性

23. 基地知道有些农药不能用在中药材上吗？ 如果知道，能举个
例子吗？ _____。

24. 基地知道农药安全间隔期的概念吗？

A. 知道　　　　　B. 知道一点　　　　C. 不知道

25. 基地打完药后，一般隔多长时间采收？

A. 打完就收，中药材品相好　　　B. 按照农药标签说明

C. 根据农时，该收就收　　　　　D. 农技人员指导

26. 卖中药材时,有人要求检测中药材中的农药残留吗?

A. 在自由市场卖,没有　　　　B. 卖到大批发市场时,有人检测

C. 有人到地头收,没有检测　　D. 从来没有

27. 基地使用农药后曾经发生过作物药害吗?

28. 如果发生药害事故,最有可能的原因是_____。

A. 农药有问题　　B. 自己没用好(如用量过大,时间不对等)

C. 没人指导或指导错了　　D. 气候问题　　E. 其他

29. 一旦发生药害,一般会怎么处理?

A. 找经销店赔偿　　B. 找技术监督部门鉴定农药质量

C. 找农业专家会诊　　D. 到政府上访　　E. 自认倒霉

附录 6

中药材生产用药现状调查问卷(农户)

◆ **受访者基本信息：**

姓　　名：＿＿＿＿＿＿　　　性　　别：

年　　龄：＿＿＿＿＿＿　　　教育程度：

耕地面积(亩)：＿＿＿＿　　中药材种植面积：

地址：＿＿＿＿区/县＿＿＿＿乡/镇＿＿＿＿村/庄

联系方式：

◆ **调查人员姓名：**

◆ **调查日期：　　年　　月　　日**

北京市植物保护站

一、中药材生产与病虫害发生情况

1.与您家中药材种植有关的几个问题：

中药材种类	面积（亩）	种植方式（露地或大棚）	用途（自用，销售或都有）	用药次数（整个生长期）	采收次数

2.您是中药材种植合作社或协作组成员吗？＿＿＿＿＿＿＿＿（是或否）

3.您种的中药材一年投入农药成本＿＿＿＿＿＿元；一年的纯收入有＿＿＿＿＿＿元。

4.哪些中药材上发生的病虫害严重？＿＿＿＿＿＿＿＿＿＿＿＿＿；哪些病虫害生产上难防治，用药多？＿＿＿＿＿＿＿＿＿＿＿＿。

5.您能辨认中药材上的病害和虫害吗？ 如果能，请说出几种病虫害的名称＿＿＿＿＿＿＿＿＿＿＿＿＿。

6.您认为影响中药材产量的原因主要是＿＿＿＿＿＿＿＿＿＿＿＿？

A.病虫害　　　　B.气候　　　　C.栽培管理　　　　D.其他

7.您都采取过＿＿＿＿＿＿＿手段防治病虫害？（多选）

A.利用诱虫灯、黄板等物理手段　　　　　　B.喷洒农药

C.调整播种时间，错过病虫害发生高峰　　　D.选择抗病品种

E.天敌

8.如果您应用过天敌防治病虫害，请写出几种您用过的天敌。

＿＿＿＿＿＿＿＿＿＿＿＿＿＿＿＿＿＿＿＿＿＿＿＿＿＿＿；天敌产品的来源是：＿＿＿＿＿＿＿＿＿＿＿＿＿＿。

二、农药的使用

9. 喷洒农药是您最常用的防治病虫害的方法吗？

A. 是　　　　　B. 不是　　　　　C. 大部分时候是

10. 你一般从_____购买农药？

A. 农药店　　　B. 厂家直销　　　C. 流动摊贩　　　　D. 其他

11. 你在购买和使用农药时注意过农药毒性的高低吗？

A. 注意　　　　　B. 有时注意　　　C. 一般不注意

12. 您选购农药时主要看标签_____部分？

A. 防治对象　　　B. 农药名称及含量剂型

C. 生产厂家　　　D. 生产日期　　　　E. 熟悉的商标（原商品名）

13. 是否会选择毒性高、见效快的农药？

A. 会，因为效果好　　　　B. 不会，怕对人不安全

C. 一般情况下不会，病虫害严重了会买一些来用

14. 您一般在什么情况下打药？

A. 凭经验　　　　　　　B. 见到病虫就打药

C. 咨询农技人员　　　　D. 问卖农药的

E. 看见别人打就跟着打

15. 您打药时，一般会_____。

A. 每种农药分别喷洒　　B. 多种农药混在一起，一次喷洒

C. 选用烟剂熏蒸，不轻易喷雾

16. 现有的农药能有效防治中药材上的病虫害吗？

A. 不能，药很多但效果不明显　　　B. 能，但效果一般

C. 效果非常好

17. 买不到您需要的农药时，该怎么办？

A. 听经销商的推荐　　　　B. 别人用什么药，我就用什么药

C. 凭经验，用其他类似病虫上使用的农药　　　D. 不知道

18. 您是怎么计算该用多少农药的？

A. 会计算，按标签用量折算一桶水(喷雾器)加多少药

B. 会计算，一般要高于标签上的量

C. 不会算，听经销商的　　　D. 凭经验用药

19. 当农药效果不好时你会采取下列哪些措施？

A. 多打几次，加大用量　　　B. 更换其他农药

C. 多种农药混合使用　　　　D. 问农技人员

20. 您一般间隔多长时间打一次农药？

A. 1～2 天　　　　　　　　B. 3～4 天

C. 7 天以上　　　　　　　　D. 视病虫害发生情况

21. 您喜欢用哪种类型的农药？

A. 对水喷雾使用的　　　　　B. 颗粒剂撒施的

C. 只要省时省力，什么都行　D. 挑选使用起来对人影响小的

E. 其他

22. 您愿意参加农药专业防治组织，花钱请专业人员打药吗？

A. 愿意，省工时、打药水平高

B. 不愿意，担心打药的人不负责，效果不好

C. 不愿意，自己能干，不想额外多掏钱

三、农药使用的安全性

23. 您知道有些农药不能用在中药材上吗？ 如果知道，能举个例子吗？ _____。

24. 您知道农药安全间隔期的概念吗？

A. 知道　　　　B. 知道一点　　　　C. 不知道

25. 您打完药后，一般隔多长时间采收？

A. 打完就收，中药材品相好　B. 按照农药标签说明

C. 根据农时，该收就收　　　D. 农技人员指导

26.卖中药材时,有人要求检测中药材中的农药残留吗?

A.在自由市场卖,没有　　　　B.卖到大批发市场时,有人检测

C.有人到地头收,没有检测　　D.从来没有

27.你使用农药后曾经发生过作物药害吗?

28.如果发生药害事故,最有可能的原因是_____。

A.农药有问题　　　B.自己没用好(如用量过大,时间不对等)

C.没人指导或指导错了　　D.气候问题　　E.其他

29.一旦发生药害,一般会怎么处理?

A.找经销店赔偿　　　B.找技术监督部门鉴定农药质量

C.找农业专家会诊　　D.到政府上访　　E.自认倒霉

附录7

2015年京西稻景观农业发展
植保需求调研

北京市植物保护站

一、调查对象基本情况

1.调查对象基本信息

姓名：_____ 年龄_____ 电话_____

学历：_____（单选题）

A.小学及以下　　　　　B.初中　　　　　C.高中及以上

2.种植类型：_____（单选题）

A.散户　　B.种植大户（50亩以上）　　C.合作社　　D.公司

3.水稻种植基本情况

种植面积（亩）	种植品种	亩产量（千克）	亩纯收入（元）	购买农药花费（元/亩）	总生产成本(元/亩)（不包括租地费用）

二、防治基本情况

4.防治情况（未用药的请画"×"）

内容 时期	用药 次数	各次用药时间 （月份）	主要防治对象（A：防病； B：杀虫；C：除草；D 其他） （例如在育苗阶段除草和杀虫， 则依次填 C 和 B）	常用农药名称及用量 （可列举）
种子处理				
育苗				
插秧-收获				

5. 您觉得哪些病虫草害发生较为普遍（请在对应项画"√"）

稻水象甲	稻飞虱	稻螟	纹枯病	稻瘟病	杂草	其他_____（可列举）

6. 您觉得哪些病虫草害难以有效防治（请在对应项画"√"）

稻水象甲	稻飞虱	稻螟	纹枯病	稻瘟病	杂草	其他_____（可列举）

7. 您主要采取 _____ 方式喷施农药？（多选题）

A. 自己使用喷雾器喷施　　　B. 自己驾驶机器喷施

C. 雇佣专业防治组织作业　　　D. 其他

8. 除了化学农药，您还用其他防治措施吗？ _____（是或否）

主要有什么措施？防治对象是什么？

三、农药购买、使用基本情况

9. 您从哪里了解农药品种信息的？ _____（多选题）

A. 农药销售人员推荐　　　B. 农技员（植保技术人员）推荐

C. 全科农技员推荐　　　D. 左右邻居、亲友介绍

E. 电视、广告宣传

10.您一般在什么地方购买农药？_____（多选题）

A.农药连锁店　　　　　B.农资店

C.从企业直接购买　　　D.流动商贩

11.您知道什么是低毒低残留农药吗？_____（单选题）

A.知道　　　B.不知道　　　C.大概知道

12.您使用过低毒低残留农药吗？_____（单选题）

A.用过　　　B.没用过　　　C.不知道用没用过

13.使用农药效果不好时您如何处理？_____（单选题）

A.改换其他药剂　　　B.加大使用剂量　　　C.增加使用次数

14.您在防治病虫草害方面有哪些困难、需求与建议？

农药使用情况调研（大兴）

农药使用情况调研（怀柔）

释放赤眼蜂防治玉米螟

外来入侵杂草刺果藤为害玉米现场

应用天敌昆虫（东亚小花蝽）防治桃园害虫

绿色防控技术在金银花田的应用（房山务滋村）

绿色防控技术在蔬菜基地的应用 (1)

绿色防控技术在蔬菜基地的应用 (2)

果园生草生态调控模式（桃园种植苜蓿）

果园生草生态调控模式（桃园种植蒲公英）

海淀稻鸭种养方式(1)

海淀稻鸭种养方式 (2)

应用性诱捕器防治玉米田害虫

专业化统防统治队伍开展小麦
中后期"一喷三防"作业(1)

专业化统防统治队伍开展小麦
中后期"一喷三防"作业(2)

专业化统防统治队伍开展玉米田茎叶除草作业

专业化统防统治队伍开展玉米黏虫应急防治